U0177607

河北省高等学校社科研究2019年度基金项目"出土秦汉算术材料的跨学科研究"（项目编号BJ2019084）

2017年出土文献与中国古代文明研究协同创新中心博士创新资助项目"出土秦汉数学文献若干问题研究"（项目编号CTWX2017BS024）

| 光明学术文库 | 历史与文化书系 |

战国秦汉算术材料的
跨学科研究

衣抚生 | 著

光明日报出版社

图书在版编目（CIP）数据

战国秦汉算术材料的跨学科研究 / 衣抚生著．--北京：光明日报出版社，2022.5
ISBN 978-7-5194-6566-7

Ⅰ.①战… Ⅱ.①衣… Ⅲ.①古典数学—研究—中国—战国时代-秦汉时代 Ⅳ.①O112

中国版本图书馆 CIP 数据核字（2022）第 072002 号

战国秦汉算术材料的跨学科研究

ZHANGUO QINHAN SUANSHU CAILIAO DE KUAXUEKE YANJIU

著　　者：衣抚生	
责任编辑：刘兴华	责任校对：李　兵
封面设计：中联华文	责任印制：曹　净

出版发行：光明日报出版社

地　　址：北京市西城区永安路 106 号，100050

电　　话：010-63169890（咨询），010-63131930（邮购）

传　　真：010-63131930

网　　址：http://book.gmw.cn

E - mail：gmrbcbs@gmw.cn

法律顾问：北京市兰台律师事务所龚柳方律师

印　　刷：三河市华东印刷有限公司

装　　订：三河市华东印刷有限公司

本书如有破损、缺页、装订错误，请与本社联系调换，电话：010-63131930

开　　本：170mm×240mm

字　　数：195 千字　　　　　　　印　　张：15

版　　次：2022 年 5 月第 1 版　　　印　　次：2022 年 5 月第 1 次印刷

书　　号：ISBN 978-7-5194-6566-7

定　　价：95.00 元

自 序

本书是在我博士论文的基础上，增加了工作三年来的若干思考与研究，删去了某些不成熟甚至是错误的内容而写作完成的。

本书的完成，首先要感谢我的博导彭卫老师，是他引领我进入数学史研究之门，奠定了我的学术旨趣和方向。

说来，还有一个有趣的故事。我初去社科院读博，心中一片茫然，不知要从何入手。去历史所找彭老师，他说："你本科学数学，就做数学史吧。"我略查资料，就拒绝了。表面原因是郭书春、邹大海、彭浩、肖灿等诸位先生的数学史研究已经非常深入，我自认为很难有大的突破，不愿研究别人剩下的边角料，更深层的原因是：我觉得秦汉史研究的主流不在数学史。当今的秦汉史研究，新材料层出不穷，正是群雄逐鹿的大好时机。而我，想要逐鹿中原。

过了一段时间，还是没有思路，再去找彭老师。彭老师说："我看，你还是做数学史吧。"抱着试试看的态度，我静下心来，认真学习《九章算术》，研读出土算术文献，很快就乐在其中。对我来说，学习数学史是从吾所好。从初中一年级开始，我就喜欢数学；初三时的一次期末考试，全校师生只有我做出一道几何大题，老师们集体研读我的解题过程，一时风头无两；高中时，我以擅长数学闻名；大学本科期间，我经历过很多迷茫，让我自豪的是，只学了很短时间，我的计算数学就考了整个学院的最高分。这一次，我找到了久违的理想与激情。

1

衷心感谢彭老师。我曾引用孟子的话，来表达我的感激之情："观于海者难为水，游于圣人之门者难为言。"

我想用简短的文字，描述我在本书中的若干重要思考。

（1）像清华简《算表》这样缺少说明的出土文献，我们该以什么原则，来推演其功能？如何确定我们的推演是准确的或者是可能的？这是研究《算表》之前，首先应该考虑的问题。我认为，有两种推演的思路。一种是尝试所有的可能性，从而得到最大的可能范围。另一种是用二重证据法，即将出土材料与同时代的知识和思维相结合，进行谨慎推演，从而得到最稳妥的可能范围。这两种思路各有利弊：前者过宽，缺少史学家所重视的证据，后者过窄，可能会忽略掉作为孤证的重要科技成果。因而，应该结合起来研究。先用二重证据法，以古人的数学知识、数学思维进行推演，在缺少相关旁证的情况下，再尝试各种可能性。

在此思路下，我对《算表》得出了一些新的认识。

第一，研究者认为，《算表》"可能还用于开平方运算，但我们不能确定这一算表当时已被用于开方这样的复杂运算"。判断《算表》是否有开平方运算功能的依据是什么？仅仅是今人所认为的"复杂"与否吗？今人认为是"复杂"的算法，对古人来说，就一定是"复杂"的吗？其实，张家山汉简《算数书》中已经出现了复杂的开平方计算，那么《算表》应该可能实现同样功能。颇为奇妙的是，今天的数学计算追求绝对准确，所以研究者会觉得《算表》无法实现复杂的开平方计算，但古人所追求的首先是实用，而不是绝对准确。《算数书》计算整数开平方运算，是并不完全准确的近似方法。这样就导致研究者眼中的"复杂运算"，在古人的近似计算中却相当简单。

第二，研究者在进行分数乘法时，很自然地将假分数分为整数和分数两个部分，然后用分配律进行计算。这一在今人看来非常自然、非常简单的方法，在当时是否存在呢？答案可能是否定的。《算数书》《九章算术》中的分数乘法均只有一种计算方法：先将带整数的分数化为假分数，然后分子乘分子，分母乘分母，即可得到结果。与研究者提供的简单方法并不一致。

今人眼中的复杂运算，在古人的算法中非常简单，今人眼中的简单运算，在古人那里找不到依据。这真是一个有趣的现象。

（2）王国维先生在其名著《简牍检署考》中，对竹简形制有过经典论述。随着出土简牍的增多，学者们发现该论述与实物并不完全符合，因而出现了很多不同的解释。本书想要强调的是，王国维先生的论断是从制度规定的角度来说的，而这些新观点都来自实物观察。制度规定和实际情况可能会有一定的差距，如果我们能从制度规定的角度，直接找出来反证说服力无疑会更强。《算数书》"程竹"算题恰恰就提供了这样的标准。该算题中的官方标准中有"尺六寸简"，不在王国维先生所列的简长之中，这就说明王国维先生的总结是有问题的。

（3）前辈学者对古书的真伪和成书年代等问题，进行了大量的研究工作。随着研究的深入，人们发现古书的成书往往经历了漫长的时间和复杂的过程。以往根据点滴的历史信息来判断古书成书年代的做法，基本上已经被废弃了。但这种做法在数学史学界，却一直被沿袭下来。这自然是有问题的。

试举一例：假设有一本算术书是战国时期齐国人写的，书中用的是齐国度量衡。秦王朝建立后，统一度量衡，书中旧有的齐国度量衡不能用了。请问：人们是废弃这本书，另编新书，还是仅仅将书中的度量衡改为秦朝度量衡，继续用？答案显然是后者。那么，数学史学界会认为这本书是什么时候的人写的？答案是秦朝人，因为其中显示了秦朝的历史信息。

我不满意这种根据点滴历史信息来判断成书年代的方法。在我看来，这些最具有时代特征的点滴历史信息，恰恰是最容易被修改的，因而其可靠性也就大打折扣。那么，要如何判断？我的思路是：第一，整体判断法，即从时代整体的数学知识、数学思维来判断。第二，点滴历史信息也可以用，但最好是从那些不容易被修改的地方看。作为这种思路的运用，我研究了《孙子算经》的成书年代。

（4）《秦汉时期普通受教育者的数学水平》一文体现了我对数学史学界研究内容的反思。数学史学界的研究对象倾向于少数数学精英。实际上数学的应用非常广泛，普通民众的数学水平和数学应用也应该是数学史的研究内容之一。

（5）《孔子"奉粟六万"小考》指出古今学者常犯的一个错误：人们都知道秦始皇统一度量衡是历史上的大事，但在研究先秦史时，却总是套用秦的度量衡。问题在于：秦始皇之前的度量衡是比较混乱的，并不统一，根本就不能如此套用。我以《史记》记载的孔子"奉粟六万"为例，来说明这个问题。我的结论不一定对，实际上，这一篇文章的价值在于提出问题，而不是解决问题。

（6）《霍去病军"士有饥者"新论》是我比较喜欢的一篇文章，有我对数学史研究内容的新思考。这篇文章看起来跟数学无关，实际上其核心恰恰是数学。《史记》记载，霍去病军中存在较为严重的粮食补给问题，而战士饥饿是霍去病不体恤士卒所致。我们可以考虑几个数学问题：霍去病是去行军打仗的，在这过程中，他和他的小圈子所浪费的粮食能占多少百分比？这个比例一定是很低的，所以将战士饥饿归结为个人原因，明显说不过去。汉武帝的两份诏书也可以证明，霍去病军中并未有严重的粮食补给问题。当然，需要汉武帝在诏书中强调，说明当时军中存在普遍的粮食供给问题，该问题是如何发生的？请看算术文献中的均输类算题。

以上只是简略说明，我在每一章的开头，有对该章内容较为详细的总结，供读者迅速掌握其大意。

本书是我的数学史研究的阶段性总结。我并不认为我的结论都是正确的，但我自信研究方法、研究角度有一些创新。

路还很长，我要继续走下去。

目　录
CONTENTS

绪　论

研究综述

　　战国秦汉数学的研究，大致可以分为两种类型：数学史学者关注其中的数学，代表作是两部大部头著作——吴文俊先生主编的《中国数学史大系》和郭书春先生主编的《中国科学技术史·数学卷》，邹大海先生所著《中国数学的兴起与先秦数学》也是一部力作；史学家从算术材料中抽取若干材料，以进行史学研究，代表作是宋杰先生的《〈九章算术〉与汉代社会经济》。当今的研究热点是出土算术文献，是以文字释读为基础，结合上述两种类型的综合研究。

　　这里主要介绍出土算术文献的若干研究成果。需要说明两点：第一，本书不采用常见的罗列文献的研究综述方式，而是在学术史发展的脉络上，细致分析学者们的具体贡献。第二，由于相关文献较多，本书仅叙述具有首创、新见或较为重要意义的成果，对一看即知的简单研究成果不予论述。

一、张家山汉简《算数书》研究综述

　　张家山汉简《算数书》于 1983 年年底、1984 年年初，在湖北江陵张家山地区的一座小型汉墓之中出土。最早由彭浩先生，在《江汉考古》杂志 1985 年第 2 期上，予以公布。彭先生公布了《算数书》的竹简数量（"一百余"枚竹简）、性质（"数学问题集"）、标题（"近六十个"），并将其和传世数学经典文献《九章算术》进行了初步的对比，认为两者存在密切的关系，"它们的命题和解法几乎完全一样"①。由于《算数书》比当时公认最早的数学著作《九章算术》还要早约 200 年，因此，这一消息一经公布，就引起了学术界的高度重视。然而，《算数书》的整理、公布过程较为缓慢。直到 2000 年，《算数书》的释读全文——《江陵张家山汉简〈算数书〉释文》，才在《文物》杂志 2000 年第 9 期发表②。此后，学术界迅速展开了相关研究，产生了不少研究成果。值得特别指出的是，《算数书》已经有了两个英文译本、一个日文译本，分别是：（1）剑桥大学李约瑟研究所的 Christopher Cullen 先生，在 2004 年将《算数书》翻译成英文版——*The Suàn shù shū* 算数书：*Preliminary matter*③。（2）Joseph W. Dauben 先生得到中国科学院自然科学史研究所、纽约城市大学联合资助，在 2007 年将《算数书》翻译成英文版——算数书 *Suan Shu Shu：A Book on Numbers and Computations：English Translation with Commentary* ④。（3）日本"張家山漢簡『算数書』研究会"，在 2005 年将《算数书》翻译成日文版——《漢简『算数書』——中国最古の数学書》⑤。这显示了国外学者对《算数书》的重视。

首先，应特别指出彭浩先生的贡献。彭先生是《算数书》的整理者，为我们提供了一个较为准确的注释本，这也是后来研究的基础。释

---

① 彭浩. 江陵张家山汉墓出土大批珍贵竹简 ［J］. 江汉考古, 1985（2）：1-3.
② 江陵张家山汉简整理小组. 江陵张家山汉简《算数书》释文 ［J］. 文物, 2000（9）：78-84.
③ Christopher Cullen. The Suàn shù shū 算数书：Preliminary matter ［M］. Cambridge, UK：Needham Research Institute, 2004.
④ Joseph W. Dauben. Suan Shu Shu：A Book on Numbers and Computations ［M］. Beijing, New York：Springer-Verlag, 2007.
⑤ "張家山漢簡『算数書』研究会". 漢简『算数書』——中国最古の数学書 ［M］. 京都：朋友書店, 2005.

文公布仅一年后，彭先生就出版了《张家山汉简〈算数书〉注释》①一书，对《算数书》进行逐字逐句的解释，订正疏漏，推导算法，并讨论了《算数书》的成书年代、主要成就、与《九章算术》的关系等重要问题。这为后来的研究提供了极大的便利和启发。可以说，彭先生的整理研究对《算数书》的研究是至关重要的。

（一）校勘方面的研究成果

《算数书》公布后，很多学者都进行了校勘工作。篇幅较长、研究较为全面的研究成果，主要有我国台湾省学者苏意雯先生等人的《〈算数书〉校勘》②、郭世荣先生的《〈算数书〉勘误》③、郭书春先生的《〈算数书〉校勘》④、彭浩先生的《张家山汉简〈算数书〉注释》、刘金华先生的《〈算数书〉集校及其相关问题研究》⑤、吴朝阳先生的《张家山汉简〈算数书〉研究》⑥、日本"張家山漢簡『算数書』研究会"编的《漢簡『算数書』——中国最古の数学書》⑦、胡忆涛先生的《张家山汉简〈算数书〉整理研究》⑧ 等。

苏意雯等先生首次给出"饮漆"算题的正确计算方法（但他们没看懂题意，没有给出正确的解释）；首次指出"以圆材方"和"以方材圆"两道算题是互逆的，因而可以互相校正，并进行了正确的修正。郭世荣先生首次将第 121 简和第 122 简缀合，并补充其中缺失的 13 个字；指出"以圆材方"算题和"以方材圆"算题是互逆的；首次尝试对

① 彭浩.张家山汉简《算数书》注释［M］.北京：科学出版社，2001.
② 苏意雯，苏俊鸿，苏惠玉，等.《算数书》校勘［J］.HPM通讯，2000（11）：2-20.
③ 郭世荣.《算数书》勘误［J］.内蒙古师大学报（自然科学汉文版），2001（3）：276-285.
④ 郭书春.《算数书》校勘［J］.中国科技史料，2001（3）：202-219.
⑤ 刘金华.《算数书》集校及其相关问题研究［D］.武汉：武汉大学，2003.
⑥ 吴朝阳.张家山汉简《算数书》研究［D］.南京：南京师范大学，2011.
⑦ "張家山漢簡『算数書』研究会".漢簡『算数書』——中国最古の数学書［M］.京都：朋友书店，2005.
⑧ 胡忆涛.张家山汉简《算数书》整理研究［D］.重庆：西南大学，2006.

缺失 18 个字的"大广术"算题进行补正。郭书春先生首次对残缺的"行"算题进行分析，补足计算方法和答案；指出"斩都"对应《九章算术》中的"刍薨"算题，而非"堑堵"算题；尝试对"大广术"算题进行补正。刘金华先生正确补充了"舂粟"算题的缺失文字（由于不清楚石是重量单位，导致计算不正确）；对"行"算题进行了不同于郭世荣先生的分析。吴朝阳先生解释了"缯幅"算题中的"从利"一词，指出该词反映了秦尺和汉尺存在三寸的差别；将"挈脂"算题的生僻字垄释读为"省"；较好地对"医"算题进行了补正；对"传马"算题中的"二马"进行了再解释。马彪先生指出，《算数书》中的"舆田，即按照契约已经授予承租人的田亩……有时又称为'税田'"，这一结论得到彭浩先生的赞同。①

此外，比较重要的校勘成果还有：金一清先生在吴朝阳先生研究成果的基础上，将垄释读为"胜"（腥），训为生肉②。纪志刚先生对"大广术"算题进行了迄今为止最好的补正③。

（二）算题、算法研究（以算题为中心）

算法研究是《算数书》校勘和研究的基础，学者们在这方面进行了许多工作，很多学者都进行过完整的公式推导和演算。因此，笔者只总结学者们在算法上的独特贡献。

"饮漆"算题：此算题是《算数书》最难解释的算题之一，苏意雯先生等人虽然不知道该如何理解和解释，但是给出了正确的计算方法。日本学者大川俊隆、田村诚两位先生给出了正确的解释：本算题前后提

① 马彪.《算数书》之"益耎""与田"考［DB/OL］.简帛网，2006-11-22."授与"并非词语，似乎应改为"授予"。彭浩.谈秦汉数书中的"舆田"及相关问题［M］//简帛，上海：上海古籍出版社，2011：21-28.
② 金一清.释张家山汉简《算数书》中的"腥脂"［DB/OL］.复旦大学出土文献与古文字研究中心网站，2015-3-21.
③ 纪志刚.《算数书》"小广""大广"二问的释读与校勘［J］.自然科学史研究，2005（3）：229-235.

到的漆是不一样的，第一次出现的是标准漆，后面出现的都是现实中的漆，题意为用现实中的漆兑水，达到标准漆的要求。他们还用化学实验证实了此算题的准确性。①

"舂粟"算题：此算题给出的数据与计算不符。学者们有不同的猜测和修正。刘金华先生指出应补充"求米一石"四字。吴朝阳先生指出，如果不把"石"字理解为体积单位，而理解为重量单位，那么本题就是正确的②，这种说法较为合理，可从。

"以圆材方"算题和"以方材圆"算题："以圆材方"算题是已知圆的周长，求圆的内接正方形的边长。"以方材圆"算题是已知正方形的边长，求其内接正方形的边长。彭浩先生、郭书春先生对这两道题的计算都有误，改字太多，原因是没有正确理解这两道题的关系。我国台湾省学者苏意雯先生等人首次注意到这两道题是互逆的，可以互相校正，并给出了正确的解释。③

"斩都"算题：不少学者都发现"斩都"算题的体积公式与《九章算术》中的"刍甍"的体积公式相近，因而认为它们是同一种东西的不同称呼。郭书春先生发现两者存在细微的差别，即"斩都"为上底边乘以2，"刍甍"为下底边乘以2，两者应该是不同的东西。郭先生推测了"斩都"可能的形状，并探讨了推导"斩都"体积公式可能采用的方法。④

"大广"算题："大广"算题残缺18个字，但算题的大体意思和算法是清楚的（即两个假分数之间的乘法），有补正的可能性。不少学者都进行过相关的研究。纪志刚先生借助计算机，给出了"大广术"算题

---

① 大川俊隆，田村诚.张家山汉简《算数书》"饮漆"考［J］.文物，2007（4）：86-90.
② 吴朝阳.张家山汉简《算数书》研究［D］.南京：南京师范大学，2011：46-48.
③ 苏意雯，苏俊鸿，苏惠玉，等.《算数书》校勘［J］.HPM通讯，2000（11）：2-20.
④ 郭书春.《算数书》"斩都"求积公式造术初探［J］.曲阜师范大学学报（自然科学版），2010（3）：120-124.

的两组最优解，这也是到目前为止对"大广术"算题最好的补正。详情请见本书第一章第二节。

"分钱"算题：此算题的算法有误，但在解释例题时是正确的，所以很多学者都忽略过去了。吴朝阳先生据《九章算术》予以补正。

"息钱"算题：彭浩先生指出，此题的求解"已经运用了复比例化简的方法"[1]，与《九章算术》相似。

"里田"算题：彭浩先生指出，此题的求解包含着将庞大数字简化的方法，是《夏侯阳算经》中的同类方法的前身。

"铜耗"算题：本算题在约分的时候，出现错误。郭世荣先生正确指出，错误产生的原因是作者在计算时，误把一个算筹的方向摆反了，导致数字"8"讹变为"4"[2]。

（三）数学史

作为我国最早的数学著作之一，《算数书》成书年代为何时？它是一部什么性质的著作？它和《九章算术》的关系如何？这是研究者比较关注的问题。

成书年代：彭浩先生指出，《算数书》"大部分算题的形成年代至迟不会晚过秦代"，"下限是吕后二年"[3]。郭书春先生则认为《算数书》"是秦或先秦的作品"[4]。其他学者的观点大致不出这一范围，唯独刘金华先生给出一个上限："最早则不早于公元前317年"。

性质判断：彭浩先生指出，《算数书》是一部实用之书，"许多算题与秦、汉时期尤其是秦朝县级政府的管理职责有着极为密切的关系。

① 彭浩.张家山汉简《算数书》注释 [M].北京：科学出版社，2001：68.
② 郭世荣.《算数书》勘误 [J].内蒙古师大学报（自然科学汉文版），2001（3）：276-285.
③ 彭浩.中国最早的数学著作《算数书》[J].文物，2000（9）：85-90.
④ 郭书春.《算数书》与《算经十书》比较研究 [J].自然科学史研究，2004（2）：106-120.

主要反映在……对土地和租税的管理……对仓储物资的管理……对劳役和工程的管理"三个方面。① 邹大海先生首次指出,《算数书》"属于一部撮编之书"②。在此基础上,郭书春先生进一步指出,"《算数书》所源自的数学著作不止一两部,甚至不止三四部,这些著作又不是同时的作品"③。

《算数书》和《九章算术》的关系是学者比较关注的问题,早在《算数书》全文公布以前,李学勤先生、李迪先生、李继闵先生等人就展开过相关的论述。彭浩先生认为,《算数书》对《九章算术》的成书有影响,"《算数书》奠定了《九章算术》前七章的基础"④。这也是学界的主流看法。持相反观点者主要是郭书春先生和邹大海先生。郭书春先生认为,"《九章算术》的主体部分完成于先秦,两者孰先孰后,无法判定……《算数书》决不会是《九章算术》之源"⑤。邹大海先生则据刘徽所说的《九章算术》源流,提出在历史上存在着周代"九数"—《九章算术》祖本—《九章算术》这一条经典文献的发展脉络,《算数书》则是非经典文献,对《九章算术》的成书并无影响。⑥

其他数学史研究:郭书春先生将《算数书》与《算经十书》进行对比,指出:从体例上来说,《算数书》和《九章算术》基本相同;在提供预备知识方面,《算数书》和《孙子算经》相似;在使用问题集方面,《算数书》和《五曹算经》等接近;《算数书》的抽象程度不及《九章算术》,但是高于《孙子算经》《五曹算经》等;《算数书》的算

① 彭浩. 张家山汉简《算数书》注释 [M]. 北京:科学出版社,2001:6-10.
② 邹大海. 出土《算数书》初探 [J]. 自然科学史研究,2001(3):193-205.
③ 郭书春.《算数书》初探 [J]. 国学研究,2003(11):307-347.
④ 彭浩. 张家山汉简《算数书》注释 [M]. 北京:科学出版社,2001:26.
⑤ 郭书春. 关于《算数书》与《九章算术》的关系 [J]. 曲阜师范大学学报(自然科学版),2008(3):1-7.
⑥ 邹大海. 从《算数书》与《九章算术》的关系看算法式数学文献在上古时代的流传 [J]. 赣南师范学院学报,2004(6):6-10.

数术语有多种形式，反映了在用《九章算术》规范算术表达之前的略微混乱的情况。①

（四）其他方面的研究

利用算术材料来研究秦汉社会经济，始于钱宝琮先生、陈直先生等人对《九章算术》的利用。② 这些研究不仅开创了以《九章算术》研究秦汉社会的先河，实际上亦为以《算数书》研究秦汉社会的源头。宋杰先生对《九章算术》与秦汉社会经济关系的研究，取得了很大的成功，具有典范意义，对后来的运用出土数学文献来研究秦汉社会经济，启发很大。具体到《算数书》，我们简略谈一下若干研究成果。

租税：租税问题是秦汉史研究中持续时间较长、研究较为深入、成果比较丰富的课题。随着睡虎地秦简、张家山汉简等简牍材料的公布和人们对《九章算术》等文献的再次发掘，这一问题的研究就更加深入了。限于篇幅，笔者仅介绍《算数书》公布之后，学者们利用《算数书》来研究这一问题而产生的新认识。杨振红老师在这方面有很突出的成绩。杨老师在《从新出简牍看秦汉时期的田租征收》一文中，利用《算数书》（6 道算题）、龙岗秦简、《九章算术》等材料，对秦汉时期的田租征收做出如下判断："田租征收制度是程租制……田租征收的单位是亩而非顷"；"秦统一前关东地区的田租征收方式和秦楚地区存在明显差异"等③。之后，杨老师又将这篇论文扩充成《秦汉时期的田租征收》一文④。杨老师还利用《算数书》对龙岗秦简涉及"田"

---

① 郭书春.《算数书》与《算经十书》比较研究 [J].自然科学史研究，2004（2）：106-120.

② 钱宝琮.汉均输法考 [M] //李俨，钱宝琮.李俨钱宝琮科学史全集（卷九）.沈阳：辽宁教育出版社，1998：140-142.陈直.两汉经济史料论丛 [M].北京：中华书局，2008.

③ 杨振红.从新出简牍看秦汉时期的田租征收 [M] //武汉大学简帛研究中心.简帛（第 3 辑）.上海：上海古籍出版社，2007：331-342.

④ 杨振红.出土简牍与秦汉社会（续编）[M].桂林：广西师范大学出版社，2015：119-141.

"租"的简文进行校正，解决了一些疑难问题①。彭浩先生以《算数书》考察秦、汉初的田税制度，认为"田租和刍稿都是以谷物、草料按顷计数缴纳"②。李恒全先生认为"汉初田税是以亩为单位，按实有亩数计征的，所谓西汉田税以顷征收的说法不能成立"③。臧知非先生认为"江陵凤凰山木牍反映的是田税征收的实际情况……张家山汉简《算数书》只能间接、抽象地在数学意义上反映战国后期土地和田税的计算情况，不能作为否定西汉田税'以顷计征'的'铁证'"④。

墨子涵（Daniel Morgan）、林力娜（Karine Chemla）两位先生，通过分析《算数书》的笔迹，认为存在 A、B 两个写手，而且这两个写手之间存在等级关系："我们注意到手 A 有遵从并接受手 B 的指挥，而手 B 反倒有救助手 A 的倾向。这样，A、B 两手的关系不仅仅是抄写前后关系而更是一种社会等级关系，而在这个等级关系中是手 B 起到组织和指挥这个活动的功能。"⑤

经济史料价值介绍：叶玉英先生从"物价、关税、合资、贷息、亩产、地租、亩制、度田、纺织、米率、传马以及仓廪物资的管理"⑥等方面论述了《算数书》的经济史料价值。吴朝阳先生亦有相关总结和论述，值得关注的是，他提出了"以吏为师"的问题，指出"秦国

---

① 杨振红. 龙岗秦简诸"田"、"租"简释义补正 [J]. 简帛研究, 2004（1）: 79-98.
② 彭浩. 张家山汉简《算数书》注释 [M]. 北京: 科学出版社, 2001: 7.
③ 李恒全. 汉初限田制和田税征收方式——对张家山汉简再研究 [J]. 中国经济史研究, 2007（1）: 122-131. 李恒全. 从张家山汉简看西汉以亩计征的田税征收方式——兼与臧知非先生商榷 [J]. 江海学刊, 2007（6）: 137-143.
④ 臧知非. 西汉田税"以顷计征"的史实及其他——再答李恒全同志 [J]. 徐州师范大学学报（哲学社会科学版）, 2009（6）: 74-79.
⑤ 墨子涵（Daniel Morgan），林力娜（Karine Chemla）. 也有轮着写的: 张家山汉简《算数书》写手与篇序初探 [J]. 武汉大学简帛研究中心. 简帛（第3辑）. 上海: 上海古籍出版社, 2016: 235-251.
⑥ 叶玉英. 论张家山汉简《算数书》的经济史料价值 [J]. 中国社会经济史研究, 2005（1）: 38-45.

传承的数学，主要便是官吏体系中递相传授的、行政管理中需要的实用数学"①。丁邦友先生将《算数书》中计算出的物价全部当成汉初的实际物价，并以此为基础来探讨汉代的经济情况，得出汉初米价回落、手工业尚未恢复、高祖时经济残破、吕后时经济恢复等结论，似可商榷。② 杨志贤先生以《算数书》和《二年律令》为基础来讨论汉初的财会制度，认为"西汉初年的会计管理达到了一个较高的水平"③。此外，李孝林先生、黄小红先生也有类似介绍，较叶玉英先生的论述详细一些，在规范方面似乎有待加强。④

社会史：邹大海先生以《算数书》考察"上古医事制度"，认为《算数书》中已残的一则算题为"战国时秦国（至迟到秦代）的法规"，并认为"考核医生的法规中出现了先进的正负数概念"⑤；以《算数书》等出土材料考察秦汉时期的委输制度，认为"相应的算题和算法应该在秦代或战国时秦国出现过"⑥。

二、岳麓书院藏秦简《数》研究综述

在《数》全文公布之前，岳麓书院发表了一批研究成果，主要包括：陈松长先生对《数》进行了简单的介绍，并对《数》与《算数书》

① 吴朝阳. 秦汉数学类书籍与"以吏为师"——以张家山汉简《算数书》为中心 [J]. 古典文献研究, 2012 (1)：168-188.
② 丁邦友. 张家山汉简所载汉初物价初探 [J]. 山东师范大学学报（哲学社会科学版），2009 (3)：81-84.
③ 杨志贤. 从张家山汉简看汉初会计管理制度的发展状况 [J]. 中国社会经济史研究，2007 (2)：7-12.
④ 李孝林，黄小红. 张家山汉简《算数书》经济史料价值探索 [J]. 淮阴师范学院学报（哲学社会科学版），2007 (5)：615-621.
⑤ 邹大海. 从出土文献看上古医事制度与正负数概念 [J]. 中国历史文物，2010 (5)：69-76.
⑥ 邹大海. 从出土竹简看中国早期委输算题及其社会背景 [J]. 湖南大学学报（社会科学版），2010 (4)：5-10.

进行了初步的比较研究。① 肖灿先生、朱汉民先生介绍《数》主要内
容、整理方法和历史价值，认为《数》"保存有很多古算法的最早例
证"，"很可能是《九章算术》的编纂蓝本"，"可能是秦代的算数教
程"②。他们又从"圆面积的求解方法"、"金字塔的体积公式"、"墓道
问题"、勾股定理、简化计算五个方面概括了《数》中的几何知识③。
以上两文对《数》进行了高度概括，具有较高的价值。此外，他们又
介绍了《数》中"矩形、箕形、圆形三种平面图形土地面积"计算④；
从《数》中归纳出"舆（与）田""税田"两种土地所有制形式，认
为前者为政府授田，后者为政府拥有的公田⑤；探讨了《数》中的米粟
换算问题⑥。许道胜先生、李薇先生通过"术"字的不同写法，认定
"《数》书很可能是主要源自两种书籍的抄本"⑦；对《数》的释文进行
了校正⑧；对"营军之术"算题进行了释读。⑨另外，肖灿先生的博士
论文对《数》进行了详细的编联、释文和注释，这也是日后公布的

① 陈松长. 岳麓书院所藏秦简综述 [J]. 文物, 2009 (3): 75-88.

② 肖灿, 朱汉民. 岳麓书院藏秦简《数》的主要内容及历史价值 [J]. 中国史研究,
　 2009 (3): 39-51.

③ 朱汉民, 肖灿. 从岳麓书院藏秦简《数》看周秦之际的几何学成就 [J]. 中国史研
　 究, 2009 (3): 51-58. 勾股定理的部分又见: 肖灿, 朱汉民. 勾股新证——岳麓书院
　 藏秦简《数》的相关研究 [J]. 自然科学史研究, 2010 (3): 313-318.

④ 肖灿, 朱汉民. 岳麓书院藏秦简《数》中的土地面积计算 [J]. 湖南大学学报 (社会
　 科学版), 2009 (2): 11-14.

⑤ 肖灿. 从《数》的"舆（与）田"、"税田"算题看秦田地租税制度 [J]. 湖南大学
　 学报 (社会科学版), 2010 (4): 11-14.

⑥ 肖灿. 秦简《数》之"秏程"、"粟为米"算题研究 [J]. 湖南大学学报 (社会科学
　 版), 2011 (2): 9-11.

⑦ 许道胜, 李薇. 从用语"术"字的多样表达看岳麓书院秦简《数》书的性质 [J]. 史
　 学集刊, 2010 (4): 21-28.

⑧ 许道胜, 李薇. 岳麓书院所藏秦简《数》书释文校补 [J]. 江汉考古, 2010 (4):
　 112-124. 许道胜. 岳麓秦简《数》书校读记 (上) [J]. 湖南省博物馆馆刊, 2011:
　 300-319. 许道胜. 岳麓秦简《数》书校读记 (下) [J]. 湖南省博物馆馆刊, 2012:
　 154-170.

⑨ 许道胜, 李薇. 岳麓书院秦简《数》"营军之述（术）"算题解 [J]. 湖南大学学报
　 (社会科学版), 2011 (2): 188-192.

《数》的主要来源。① 王勇先生、唐俐先生认为《数》中的"走马"是
秦代爵位，"相当于汉二十等爵中的簪袅"②。这些观点大都被收入正式
出版的《数》中，从而使得《数》的整理本有一个比较高的起点。

这批早期成果起点较高。自 2011 年年底，《数》全文公布以来，
学术界的相关研究成果可概括如下：

释文与编联：该类研究中，成绩最突出的当属日本的"中国古算
书研究会"和许道胜先生。"中国古算书研究会"对《数》重新进行译
注。③ 许道胜先生认为，岳麓简（一）第 0956 简当为《数》的末简，
并对部分疑难简进行了再缀合。④ 蔡丹先生对《数》进行了三则缀
合⑤。张显成先生、谢坤先生对《数》中的 24 处释文进行了补正⑥。彭
浩先生还对《数》0117 正简中的"般"字进行解释，认为"'般'应
读为'𦈎'，训作'囊'，是与'𥻆'相当的容量单位……容三石"⑦。
此外，对《数》进行文字释读校勘的还有：彭浩先生的《岳麓书院藏

---

① 肖灿. 岳麓书院所藏秦简《数》研究 [D]. 长沙：湖南大学，2010.

② 王勇，唐俐."走马"为秦爵小考 [J]. 湖南大学学报（社会科学版），2010（4）：
15-16.

③ 中国古算书研究会，大川俊隆，马彪. 岳麓书院藏秦简《数》译注稿（1）[DB/OL].
简帛网，2013-1-30. 中国古算书研究会，大川俊隆，马彪. 岳麓书院藏秦简《数》
译注稿（2）[DB/OL]. 简帛网，2013-4-20.

④ 许道胜先生的此类研究成果，多为发表在简帛网上的网文，主要有：许道胜. 岳麓
书院藏秦简《数》书疑难语词集释 [DB/OL]. 简帛网，2012-2-2. 许道胜. 岳麓秦
简《数》书诸疑难简的缀合与编连 [DB/OL]. 简帛网，2012-2-5. 许道胜. 岳麓秦
简《数》书文字释读举隅 [DB/OL]. 简帛网，2012-2-13. 许道胜.《岳麓书院藏秦
简（贰）》初读（上）[DB/OL]. 简帛网，2012-2-20. 许道胜.《岳麓书院藏秦简
（贰）》初读（下）[DB/OL]. 简帛网，2012-2-21. 许道胜.《岳麓书院藏秦简
（贰）》初读补（一）[DB/OL]. 简帛网，2012-2-25. 许道胜. 岳麓秦简《数》算
题新解（三则）[DB/OL]. 简帛网，2012-8-29. 许道胜. 岳麓秦简 1（0956）为
《数》的末简说 [DB/OL]. 简帛网，2013-3-5.

⑤ 蔡丹. 读《岳麓书院藏秦简（贰）》札记三则 [J]. 江汉考古，2013（4）：120-121.

⑥ 张显成，谢坤. 岳麓书院藏秦简《数》释文勘补 [J]. 古籍整理研究学刊，2013
（5）：5-8.

⑦ 彭浩. 谈秦简《数》117 简的"般"及相关问题 [M] //武汉大学简帛研究中心. 简
帛（第 8 辑）. 上海：上海古籍出版社，2013：269-272.

秦简〈数〉中的"救（求）"字》、陈伟先生的《岳麓书院藏秦简〈数〉书 J9+J11 中的"威"字》、许道胜先生的《岳麓秦简〈数〉新札》①、鲁家亮先生的《读岳麓秦简〈数〉笔记》（一）、马芳先生的《岳麓书院藏秦简（壹、贰）整理与研究》、谭竞男先生的《岳麓简〈数〉中"耤"字用法及相关问题梳理》等。②

算题：肖灿先生介绍了学者们对《数》中的疑难题的探讨。③ 日本学者田村诚先生、张替俊夫先生对未被解读的两道衰分题进行了解释。④ 吴朝阳先生对取枲程算题、"乘方亭术"等进行了辨正。⑤ 陈松长先生、肖灿先生研究了《数》中的衰分问题，认为"这些算题和术文中包含了一些与《九章》的'衰分'章类似的内容，说明《九章》的'衰分'方法和算题确实很大程度上来自先秦"⑥。第 0388 正和第 0460 正，两枚简上的"取禾程"算题，初看起来是解释不通的，肖灿先生并未解释，只是简单说明了计算步骤。"中国古算书研究会"正确指出，解释不通的原因在于：该算题默认产出是粝米，文中出现的却是粟，因而需要实现粝米和粟的转化⑦。第 0841 正、第 0805 正、第 0824

① 许道胜. 岳麓秦简《数》新札 [J]. 简牍，2013：273-278.
② 彭浩. 岳麓书院藏秦简《数》中的"救（求）"字 [DB/OL]. 简帛网，2009-11-30. 陈伟. 岳麓书院藏秦简《数》书 J9+J11 中的"威"字 [DB/OL]. 简帛网，2010-2-8. 鲁家亮. 读岳麓秦简《数》笔记（一）[DB/OL]. 简帛网，2012-2-25. 鲁家亮. 读岳麓秦简《数》笔记（二）[DB/OL]. 简帛网，2012-3-23. 马芳. 岳麓书院藏秦简（壹、贰）整理与研究 [D]. 上海：华东师范大学，2013. 谭竞男. 岳麓简《数》中"耤"字用法及相关问题梳理 [DB/OL]. 简帛，2013-9-19. 谭竞男. 算数文献散札（三）[DB/OL]. 简帛网，2016-4-21.
③ 肖灿. 岳麓书院藏秦简《数》疑难算题研讨 [DB/OL]. 简帛网，2011-4-12.
④ 田村诚，张替俊夫，大川俊隆，马彪. 岳麓书院藏秦简《数》衰分类未解读算题二题的解读 [DB/OL]. 简帛网，2013-11-19.
⑤ 吴朝阳. 岳麓秦简《数》之"三步廿八寸"[DB/OL]. 简帛网，2013-1-23. 吴朝阳. 岳麓秦简《数》之"乘方亭术"[DB/OL]. 简帛网，2013-1-30.
⑥ 陈松长，肖灿. 从岳麓书院藏秦简《数》看中国早期的衰分问题 [DB/OL]. 简帛网，2012-2-26.
⑦ 中国古算书研究会，大川俊隆，马彪. 岳麓书院藏秦简《数》译注稿（1）[DB/OL]. 简帛网，2013-1-30.

正上记载的"枲税田"算题，肖灿先生没有看懂题目，"中国古算书研究会"指出关键的一步：《算数书》里有一道几乎一模一样的算题，描述更加清楚，通过这道算题就会明白，此算题实际上是圆柱体体积计算，而非肖灿先生所认为的比例运算。

　　其他：张春龙先生、大川俊先生、籾山明先生研究了秦简上的刻齿，认为不同的刻法代表着不同的数字，并对《数》中的刻齿简进行了考察。① 该发现具有较高价值。王子今先生指出，《数》中出现的"马甲"一词，"很可能是应用于骑兵作战时卫护战马的装具……可以看作最早的关于'马甲''马铠'的文字信息"②。吴朝阳先生、晋文先生以《数》、北大秦简等为基础，考察秦时的亩产量，认为"粟的最高亩产为每市亩约 295 市斤……'中田'粟的亩产约为 177 市斤"③。肖灿先生总结了《数》中的工程史料④。孙思旺先生解释了"营军之术"中涉及的军事问题，认为该算题"在一定程度上反映了周秦之际的壁垒构置与阵列部署"⑤。

三、清华简《算表》研究综述

　　清华简《算表》是目前所知我国最早的计算器，它的发现在我国数学史上具有重大意义。全面介绍《算表》功能的，是李均明、冯立

---

① 张春龙，大川俊，籾山明. 里耶秦简刻齿简研究——兼论岳麓秦简《数》中的未解读简 [J]. 文物，2015（3）：53-69.

② 王子今. 岳麓书院秦简《数》"马甲"与战骑装具史的新认识 [J]. 考古文物，2015（4）：59-64.

③ 吴朝阳，晋文. 秦亩产新考——兼析传世文献中的相关亩产记载 [J]. 中国经济史研究，2013（4）：38-44.

④ 肖灿. 试析《岳麓书院藏秦简》中的工程史料 [J]. 湖南大学学报（社会科学版），2013（3）：26-28.

⑤ 孙思旺. 岳麓书院藏秦简"营军之术"史证图解 [J]. 军事历史，2012（3）：62-69.

昇二位先生的论文①。据称，该表可以实现乘法（含整数乘法和分数乘法）、整数乘方、整数除法、整数开平方四种运算。

四、北大秦简《算书》研究综述

北大秦简《算书》是很值得期待的未全部公布的文献。整理者韩巍先生曾在《文物》2012 年第 6 期上，对这批简牍进行过大体介绍②。之后，韩巍先生又在 2013 年的《简帛》上，介绍了其中的"土地面积类算题"，将其分为"圆田术""箕田术""田三陌术""田里术""径田术""方田术"六种。其中，"田里术"较为重要，"为前所未见"③。

五、睡虎地汉简《算术》研究综述

整理者谭竞男、蔡丹二位先生介绍了睡虎地汉简《算术》简牍的总体情况，并对其中田类算题进行了非常精到的研究。④

---

① 李均明，冯立昇.清华简《算表》的形制特征与运算方法［J］.自然科学史研究，2014（1）：1-17.

② 韩巍.北大秦简中的数学文献［J］.文物，2012（6）：85-89.

③ 韩巍.北大秦简《算书》土地面积类算题初识［M］//武汉大学简帛研究中心.简帛（第 8 辑）.上海：上海古籍出版社，2013：29-42.

④ 谭竞男，蔡丹.睡虎地汉简《算术》"田"类算题［J］.文物，2019（12）：71-75.蔡丹，谭竞男.睡虎地汉简的《算术》简册［J］.文物，2019（12）：63-70.

第一章

出土算术材料研究的方法论问题

本章从方法论的角度，探讨出土算术材料的整理与研究。主要讨论两个问题：在证据不足的情况下，我们该如何研究算术材料的功用？数学推演在算术材料的使用中，可以起到多大作用？

前者以清华简《算表》为例。《算表》当然是非常重要的算术材料，但出土时只有一张表，没有任何说明。我们该如何推导其功能？本书提出两种思路。一种是尝试所有的可能性，从而得到最大的可能范围。另一种是用二重证据法，即将出土材料与同时代的知识和思维相结合，进行谨慎推演，从而得到最稳妥的可能范围。这两种思路都很重要。

后者以张家山汉简《算数书》"大广"算题为例。"大广"算题缺少了部分数字，有学者通过字形辨识、红外扫描等方法来确定该数字。笔者关注的不是该算题本身，实际上弄清楚该算题的文字也没有多大意义。笔者想把它作为一个典型案例，来讨论数学推演如何在算术文献的数字恢复方面发挥作用。具体说来，笔者提供了暴力破解法、特性分析法两种方法。

笔者想要再次强调的是，这里讨论的重点不是例子，而是通过例子来较为生动地讨论原则性的方法。这和孔子所说的"我欲载之空言，不如见之于行事之深切著明也"（《史记·太史公自序》），是同样的道理。

第一节 证据不足时如何确定功能：
以清华简《算表》为例

清华简《算表》是目前所知我国最早的计算器，它的发现在我国数学史上占据重要意义。《算表》于 2013 年 12 月由中西书局出版，为清华简第四种。李学勤先生在 2014 年 1 月 14 日的《中国文化报》上，对《算表》进行了大体介绍，指出它是"迄今为止所见的最早算具"，能快速进行 100 以内的整数乘除，并"还能计算包含分数 1/2 的两位数乘法"[①]。全面介绍《算表》功能的，是李均明、冯立昇二位先生的论文《清华简〈算表〉的形制特征与运算方法》（以下简称《运算》）[②]、《清华简〈算表〉的功能及其在数学史上的意义》（以下简称《功能》）[③]。《运算》和《功能》称，该表可以实现乘法（含整数乘法和分数乘法）、乘方、除法、开平方四种运算。

李、冯二位先生的研究非常精彩，让人叹为观止，但似乎缺少了一些重要说明：他们推测《算表》的功能时，所依据的原则是什么？他们如何确定《算表》是否具有某种功能的？比如，《运算》说，《算表》"可能还用于开平方运算，但我们不能确定这一算表当时已被用于开方这样的复杂运算"。判断《算表》是否有开平方运算功能的依据是什

[①] 李学勤.《筮法》《别卦》与《算表》[N]. 中国文化报，2014-1-14（8）.

[②] 李均明，冯立昇. 清华简《算表》的形制特征与运算方法 [J]. 自然科学史研究，2014（1）：1-17. 下文所论二位先生的研究均出于此，不再出注。

[③] 冯立昇. 清华简《算表》的功能及其在数学史上的意义 [J]. 科学，2016（3）：40-46.

么？仅仅是今人所认为的"复杂"与否吗？今人认为是"复杂"的算法，对古人来说，就一定是"复杂"的吗？这些都是很重要的原则性问题，而且可以对类似情况产生有益的借鉴。因此，笔者需要先进行一定的探讨。

笔者认为，有两种推测思路。一种是尝试所有的可能性，从而得到最大的可能范围。这种思路的问题在于：今人的数学知识往往比古人多，存在有意无意拔高古人成就的可能性。《运算》对《算表》的开平方功能采取审慎的态度，原因可能也正在于此。另一种是用二重证据法，即不以现在的数学知识为推演的基础，而还原到古人所处的时代，以当时或之前的数学知识、数学思维为推演的基础，进行研究。具体说来，我们要对今人的推演，进行两个方面的检验：第一，要看古人有没有相关的运算知识。如果现有的数学史材料没有发现这些知识，就需要谨慎得出结论，或者是暂不得出结论。第二，要看古人的运算习惯是什么。如果有相关的知识，但是很少用，那么我们得出结论的时候，也需要很谨慎。二重证据法坚持有一分证据，说一分话，证据不足时，只能存疑。这是一种科学的态度。当然，严格按照上述二重证据法来研究，也存在问题：由于古代文献流传下来的非常少，可以说是九牛一毛。这样做，容易将范围缩得太小，而且很有可能将有重要突破的独特新材料忽略，从而造成对古人的成就过于低估的问题。这也是前辈学者用疑古精神来研究古书时，所遇到的问题。

因此，较为合理的做法是：先用二重证据法，以古人的数学知识、数学思维进行推演，在缺少相关旁证的情况下，再尝试各种可能性。笔者循此思路，对《算表》进行一些小的探讨。具体说来，笔者将以目前所能见到的秦汉时期的若干数学材料——岳麓秦简《数》、张家山汉简《算数书》和《九章算术》，以及《孙子算经》里的筹算知识等为依据，重新考察这一问题。凡是在这些材料中出现过的算法，不管算法怎么难，都认为是有可能应用在《算表》上的；反之，就会取谨慎的态度。

一、清华简《算表》的开平方运算

《运算》以 2304 为例，解说《算表》的开平方功能：

> 先在对角线中找出小于 2304 但与其最近的数"1600"，将通过"1600"的纵横引线分别延伸至从第一功能区，所见数字 40 即确定了平方根之十位数。以 1600 减 2116 得 516，即 2304−1600 = 704，在纵横引线找到最接近但小于 704 一半（352）的数 320，通过另两条分别过两个 320 的正交引线可确定平方根之个位数字为 8。而 320 的 2 倍是 640，704−640 = 64 = 8²，因此正好被开尽。因此可求得，$\sqrt{2304} = 48$。①

《运算》认为《算表》可能有开平方的功能，但不是很确定："就此表具备的条件而言，采用与上述除法类似的方法并借助对角线可对 9801（99 ×99）以内的整数开平方，因此它可能还用于开平方运算，但我们不能确定这一算表当时已被用于开方这样的复杂运算，这一问题尚待进一步探讨。"在旁证不足的情况下，这一论述无疑是审慎而可取的。其中的原因，除了《运算》所说的开平方计算是"复杂运算"之外，可能更重要的原因是：《运算》所描述的开平方运算，用的是《九章算术》中的方法，而《九章算术》成书的两汉之际距离《算表》所

---

① 这段话里有两个错误。第一，"以 1600 减 2116 得 516"，这句话莫名其妙，原文里没有 2116，也不该有 516。笔者怀疑，《运算》本来以 2116 为例（平方根为 46），不知为何，中途改成以 2304 为例（平方根为 48）。改动时，"以 1600 减 2116 得 516"这句话，应该改为"以 1600 减 2304 得 704"，由于疏忽而未改。第二，"分别延伸至从第一功能区"中的"从"字是衍文，应删。

在的战国时期，相差了二百年以上，未必能作为《算表》具有开平方功能的证据。

我们在张家山汉简《算数书》中，找到比《九章算术》更早的开平方计算。《算数书》的拥有者为汉初某低级官吏，该官吏的下葬时代在汉朝吕后二年（前186）。《算数书》的算题为摘抄性质，是广泛地从各种书籍中摘录而来，并非原创，我们可以得出两个跟本书有关的重要结论：第一，《算数书》的算题与算法的来源时间必然不晚于吕后二年，学界一般推测为战国时期或秦代。也就是说，其年代与《算表》非常相近，可以作为我们研究《算表》的参考。第二，《算数书》的内容为低级官吏抄录而来，说明这些算题在当时较为常见，流传较广。如此高水平的《算表》，其制作者肯定是知道《算数书》中记载的数学知识的。也就是说，《算数书》的知识可以用于推算《算表》的功能。

张家山汉简《算数书》中，有一道算题名为"方田"，其实质为整数的开平方近似计算，其内容如下：

> 方田 田一亩方几何步？曰：方十五步卅一分步十五。术曰：方十五步不足十五步，方十六步有余十六步。曰：并赢、不足以为法，不足子乘赢母，赢子乘不足母，并以为实，复之，如启广之术。①

这道算题实际上是求 240 的平方根是多少。计算方法是：容易知道，平方根位于 15、16 之间。$15^2 = 225$，不足 240，所以称 15 为"不足母"，余数 $240-15^2 = 15$ 称为"不足子"。$16^2 = 256$，超过 240，所以称 16 为"赢母"，余数 $16^2-240 = 16$ 称为"赢子"。以"不足母+赢母"

---

① 张家山二四七号汉墓竹简整理小组. 张家山汉墓竹简二四七号墓（释文修订本）[M]. 北京：文物出版社，2006：157.

作为分母，以"不足子×赢母+赢子×不足母"作为分子，得到的分数就是其近似值。

《算数书》计算开平方的方法非常巧妙：将复杂的开平方运算变为简单的乘方运算，找到"不足母"和"赢母"，这样就极大地降低了计算的难度。如果不能开尽，则用盈不足术取得近似值。用这种方法在《算表》上计算 2304 的平方根，计算方法为：

（1）先在对角线中找出小于 2304 但与其最近的数"1600"，将通过"1600"的纵横引线分别延伸至第一功能区，所见数字 40 即确定了平方根之十位数。下面尝试找到小于平方根的"不足母"和大于平方根的"赢母"。

（2）因数"40""1"两条引出线与因数"40""1"两条引出线纵横相交于 1600、40、40、1 四个交点，将此四数相加为"1681"，小于 2304，继续尝试。

（3）因数"40""2"两条引出线与因数"40""2"两条引出线纵横相交于 1600、80、80、4 四个交点，将此四数相加为"1764"，小于 2304，继续尝试。

（4）因数"40""3"两条引出线与因数"40""3"两条引出线纵横相交于 1600、120、120、9 四个交点，将此四数相加为"1849"，小于 2304，继续尝试。

（5）因数"40""4"两条引出线与因数"40""4"两条引出线纵横相交于 1600、160、160、16 四个交点，将此四数相加为"1936"，小于 2304，继续尝试。

（6）因数"40""5"两条引出线与因数"40""5"两条引出线纵横相交于 1600、200、200、25 四个交点，将此四数相加为"2025"，小于 2304，继续尝试。

（7）因数"40""6"两条引出线与因数"40""6"两条引出线纵

横相交于 1600、240、240、36 四个交点，将此四数相加为"2116"，小于 2304，继续尝试。

（8）因数"40""7"两条引出线与因数"40""7"两条引出线纵横相交于 1600、280、280、49 四个交点，将此四数相加为"2209"，小于 2304，继续尝试。

（9）因数"40""8"两条引出线与因数"40""8"两条引出线纵横相交于 1600、320、320、64 四个交点，将此四数相加为"2304"。可见 48 即为平方根。

对于《算数书》的开平方算法而言，计算 2304 的平方根实在是太过简单的事情，就连 2305 等无法开尽的平方根，它都有办法处理。其计算方法为：

（1）先计算平方根的十位数，结果为 40：在对角线中找出小于 2305 但与其最近的数"1600"，将通过"1600"的纵横引线分别延伸至第一功能区，所见数字 40 即确定了平方根之十位数。

（2）计算 41 的平方，看其与 2305 的关系：因子"40""1"两条引出线与因子"40""1"两条引出线纵横相交于 1600、40、40、1 四个交点，将此四数相加为"1681"，即 $41^2 = 1681$，小于 2305，继续尝试。

（3）以此类推，分别计算 42^2、43^2、44^2…48^2、49^2 与 2305 的关系，发现 48^2 为 2304，小于 2305，49^2 为 2401，大于 2305，则个位数为 8。

（4）由（3）可知，"不足母"为 48，"不足子"为 $2305 - 48^2 = 1$，"赢母"为 49，"赢子"为 $49^2 - 2305 = 96$，则最终的结果为 （1×49+48×96）／ （48+49） $= 48\dfrac{1}{97}$。

需要注意的是，今天的数学计算追求绝对准确，所以会觉得古人可能没法计算 2305 的平方根，但古人所追求的首先是实用，而不是绝对准确。比如，秦汉时期的 π 取值为 3，《算数书》中甚至有 π 取值为 4

的情况，误差较大，就是出于实用的目的，而非绝对准确。《算数书》计算整数开平方运算，所采用的也是类似的并不完全准确的实用方法。这样就导致《运算》眼中的"复杂运算"，在古人的近似计算中却相当简单。我想，这种思路上的差别可能是李、冯二位先生不太敢相信《算表》可以被用于计算整数开平方计算的原因。

下面再讨论《运算》的开平方计算和《九章算术》的开方术的异同。《九章算术》的开方术内容如下：

术曰：置积为实。借一算步之，超一等。议所得，以一乘所借一算为法，而以除。除已，倍法为定法。其复除。折法而下。复置结算步之如初，以复议一乘之，所得副，以加定法，以除。以所得副从定法。复除折下如前。若开之不尽者为不可开，当以面命之。若实有分者，通内分子为定实，乃开之，讫，开其母报除。若母不可开者，又以母乘定实，乃开之，讫，令如母而一。①

按照《九章算术》的记载，我们可以采用如下方法在《算表》上计算 2304 的平方根：

（1）以两位为单位，将 2304 分成 23 和 04 两个部分，并由此得知结果的整数部分为两位数。

（2）通过《算表》，找到平方最接近 23 的数，为 4，则结果的十位数部分为 4。

（3）$23-4^2=7$，则下一次参与计算的部分为 704。

（4）将十位数部分乘以 20，得 80（可以通过《算表》进行计算）。假设个位数部分为 x，则 $x=704÷（80+x）$

---

①　郭书春.九章算术新校［M］.合肥：中国科学技术大学出版社，2014：125-126.

x 取整数。我们可以暂时忽略（80 + x）中的 x，通过《算表》，发现 80×8 = 640，比 704 小，且最接近 704。

（5）704 − （80 + 8）×8 = 0，说明平方根恰好为 48。

我们将这一过程用类似《运算》的语言进行描述：

> 先在对角线中找出小于 23 但与其最近的数 "16"，将通过 "16" 的纵横引线分别延伸至第一功能区，所见数字 4 即确定了平方根之十位数。以 16 减 23 得 7，下一步进行计算的数即 704。下一步参加运算的两个乘数之一是十位数的 20 倍，即 80。在纵横引线找到最接近但小于 704 的数 640，通过另两条分别过两个 640 的正交引线可确定平方根之个位数字为 8。（80+8）×8 = 704，因此正好被开尽。因此可求得，$\sqrt{2304}$ = 48。

《九章算术》的计算过程与《运算》基本相同，主要区别是：

第一，《九章算术》的开平方计算以两位数为单位。这是因为两位数开平方后对应一位整数，这样就可以用当时人所熟知的九九乘法直接得出答案。《运算》则直接进行千位计算，结果虽然相同，但是《运算》并不符合古人的计算习惯。这可能是为了照顾今人的计算习惯而进行的微调。

第二，《九章算术》针对 704 进行计算，《运算》则针对 704 的一半进行计算。

第三，最后一步的计算也略有差异。

《算数书》距离《算表》的时代较近，计算简便，但在开不尽的情况下，结果有误差。《九章算术》距离《算表》的时代较远，计算较为复杂，但在开不尽的情况下，结果较为准确。

二、清华简《算表》的分数乘法

《运算》以 $42\frac{1}{2}\times22\frac{1}{2}$ 为例，讨论了《算表》的分数运算。在《算表》上的操作是：

把因数 $42\frac{1}{2}$ 分解为"40""2""$\frac{1}{2}$"三数。把因数"22$\frac{1}{2}$"分解为"20""2""$\frac{1}{2}$"三数。因数"40""2""$\frac{1}{2}$"三条引出线与因数"20""2""$\frac{1}{2}$"三条引出线纵横相交于 800、80、20、40、4、1、10、1、$\frac{1}{4}$ 九个交点，将此九数相加为"$956\frac{1}{4}$"即上式乘积。

对应的数学原理则是：$42\frac{1}{2}\times22\frac{1}{2}$ ＝（$40+2+\frac{1}{2}$）×（$20+2+\frac{1}{2}$）＝ $40\times20+40\times2+40\times\frac{1}{2}+2\times20+2\times2+2\times\frac{1}{2}+\frac{1}{2}\times20+\frac{1}{2}\times2+\frac{1}{2}\times\frac{1}{2}$ ＝ $800+80+20+40+4+1+10+1+\frac{1}{4}=956\frac{1}{4}$。

如果《运算》的例题中，没有小数部分，那么这种计算方法是成立的。这是因为整数乘法，所依据的就是乘法的分配律，而且我们可以在《孙子算经》和《夏侯阳算经》中找到证据，《算数书》的"里田"也能体现这一点。

下面以记载最为完备的《孙子算经》为例，进行说明：

　　凡乘之法，重置其位。上下相观，上位有十步至十，有百步至百，有千步至千。以上命下，所得之数列于中位。言十即过，不满自如。上位乘讫者先去之。下位乘讫者则俱退之。六不积，五不只。上下相乘，至尽则已。[①]

可以翻译为：

　　用算筹进行乘法运算时，首先要将被乘数和乘数分别置于上、下位。将下位的最低位和上位的最高位对齐——被乘数最高位是十位，就和十位对齐；被乘数最高位是百位，就和百位对齐；被乘数最高位是千位，就和千位对齐。每一步所得的结果，都要放在中位（要和下位参与操作的数位对齐）。如果结果超过10，向前进位；不超过，不进位。每次只用上位的最高位来乘下位，乘完后，就把它去掉。乘完一轮之后，下位向后退一位。6不能用6根算筹来表示。5不能只用一根算筹来表示。上位和下位相乘，直到乘完为止。

　　很显然，这里的整数乘法，所依据的就是乘法的分配律，和《运算》的记载很相似。《算数书》的"里田"也能体现这一点：

　　里田　里田术曰：里乘里，里也，广、从（纵）各一里，即直（置）一因而三之，有（又）三五之，即为田三顷十（七十）五亩。其广、从（纵）不等者，先以里相乘，已，乃因而三之，有（又）三五之，乃成。今有广二百廿里，从（纵）三百五十里，为田廿八万八千七百五十顷。直（置）提

―――――――――――――――――――

①　郭书春，刘钝.算经十书·孙子算经［M］.沈阳：辽宁教育出版社，1998：2.

封以此为之。

一曰：里而乘里，里也，壹三，而三五之，即顷亩数也。

有（又）曰：里乘里，里也，因而三之；以里之下即予廿五因而三之，亦其顷亩数也。曰：广一里，从（纵）一里为田三顷十（七十）五亩。[①]

这道算题是已知长方形土地的两边边长（以里为单位），求其面积（若干顷若干亩）。由于 1 里×1 里 = 375 亩或者说是 3 顷 75 亩，所以计算方法都是土地的长×宽×375。需要注意的是最后一段，有一种计算方法是将 375 亩分成两个部分：3 顷和 75 亩，因此计算方法就变成了：长×宽×3 顷+长×宽×75 亩。这就有了整数乘法分配律的意思，会对我们的思考提供借鉴。也就是说，秦汉时期应该是存在整数乘法的分配律的。

问题在于，《运算》多了分数部分，这就从整数运算变成了分数运算。我们需要考虑的问题是：古人是怎么计算分数乘法的？用的是与《运算》类似的分配律吗？下面，我们进行详细考察。

（1）《算数书》中的分数乘法的计算方法，体现在"相乘""分乘"两则。

"相乘"的计算方法是："乘分之术曰：母乘母为法，子相乘为实。"[②] 也就是说，分数相乘，要让分子相乘，分母也相乘，并不涉及分配律。

"分乘"的计算方法是："分乘之术皆曰：母相乘为法，子相乘为实。"[③] 也就是说，分数相乘，要将分数都化成假分数，然后让分子相乘，分母也相乘，并不涉及分配律。

---

① 彭浩. 张家山汉简《算数书》注释 [M]. 北京：科学出版社，2001：125-127.
② 彭浩. 张家山汉简《算数书》注释 [M]. 北京：科学出版社，2001：38.
③ 彭浩. 张家山汉简《算数书》注释 [M]. 北京：科学出版社，2001：40.

（2）《九章算术》中的分数乘法的计算方法，体现在"乘分"和"大广田"两则。

"乘分"的计算方法是："术曰：母相乘为法，子相乘为实，实如法而一。"[①] 也就是说，分数相乘，要让分子相乘，分母也相乘；如果计算结果是假分数，要化为带分数。需要注意的是，这里的两个乘数可以是假分数，这是因为，如果两个乘数都是真分数，那计算结果就一定是真分数，不需要化为带分数，"实如法而一"这句话就没有必要存在。这里的计算方法并不涉及分配律。

"大广田"的计算方法是："分母各乘其全，分子从之，相乘为实。分母相乘为法。实如法而一。"[②] 也就是说，分数相乘，要先将分母通分，然后分子相乘，分母也相乘；如果计算结果是假分数，要化为带分数。与上条一样，这里的两个乘数可以是假分数。计算方法也不涉及分配律。

（3）岳麓秦简《数》中有简单的分数乘法口诀，但是描述没有分数乘法的计算方法。[③]

综上所述，我们可以发现，《算数书》《九章算术》中的分数乘法均只有一种计算方法：将带整数的分数化为假分数，然后分子乘分子，分母乘分母，即可得到结果，并不涉及《运算》所描述的那种分配律。

同样以 $42\frac{1}{2} \times 22\frac{1}{2}$ 为例，《算数书》《九章算术》中的分数乘法用《算表》来计算，其操作过程是：

因数"40""2"两条引出线与因数"2"的引出线纵横相

---

① 郭书春. 九章算术新校 ［M］. 合肥：中国科学技术大学出版社，2014：17.
② 郭书春. 九章算术新校 ［M］. 合肥：中国科学技术大学出版社，2014：18.
③ 朱汉民，陈松长. 岳麓书院秦简（贰）［M］. 上海：上海辞书出版社，2011：72，74，75.

交于 80、4 两个交点，将此两数相加为 84，再加上 1，合为 85，即为被乘数的分母。

因数"20""2"两条引出线与因数"2"的引出线纵横相交于 40、4 两个交点，将此两数相加为 44，再加上 1，合为 45，即为乘数的分母。

因数"2"的引出线与因数"2"的引出线纵横相交于 4，即为结果的分母。

因数"80""5"两条引出线与因数"40""5"两条引出线纵横相交于 3200、400、200、25 四个交点，将此四数相加为 3825，即为结果的分子。

从第一功能区（任选横栏或纵行）数字"4"处分别引出除数线。在除数线诸数中找出距离 3825 的前两位 38 最近的数，所见为"9"。38-4×9=2。在除数线诸数中找出距离 22 最近的数，所见为"5"。22-4×5=2。在除数线诸数中找出距离 25 最近的数，所见为"6"。25-4×6=1。"9""5""6"即为结果的整数部分，余数"1"即为结果的分子部分。①

对应的数学原理是：

$$42\frac{1}{2} \times 22\frac{1}{2} = \frac{42 \times 2 + 1}{2} \times \frac{22 \times 2 + 1}{2} = \frac{85}{2} \times \frac{45}{2} = \frac{85 \times 45}{2 \times 2} =$$

$$\frac{(80 + 5) \times (40 + 5)}{4} = \frac{80 \times 40 + 80 \times 5 + 5 \times 40 + 5 \times 5}{4} = \frac{3825}{4} = \frac{36}{4}$$

$$（百位）+ \frac{3825 - 3600}{4} = 900 + \frac{225}{4} = 900 + \frac{20}{4}（十位）+ \frac{225 - 200}{4} = 900 +$$

---

① 本段描述参考了《孙子算经》中的整数除法运算。古人擅长九九乘法，而对超过九九乘法之外的计算比较陌生。因此，用 38 除以 4，符合古人的运算习惯，且有《孙子算经》为证，是可取的，而不能直接用 3825 或者 382 除以 4，虽然这样更加简单，但是缺乏文献上的依据，也不符合古人的运算习惯。

$$50+\frac{25}{4}=900+50+6+\frac{1}{4}=956\frac{1}{4}。$$

很显然，该计算过程要比《运算》烦琐很多，需要先将乘数和被乘数都化为假分数，再相乘，再将结果由假分数化为带整数的真分数。而《运算》通过乘法的分配律，可以直接得出若干数值，将这些数值相加，即可得到最终结果。这说明，《运算》很可能是今天的学者用今天的数学知识、数学思维而推演出来的简便方法，缺乏传世数学文献和出土数学文献上的证据，要么不是秦汉时期计算分数的常用计算方法，要么根本就在秦汉时期不存在。笔者认为，似乎应该持较为谨慎的态度，还是采取《算数书》《九章算术》中的烦琐的计算方法为好。当然，《运算》的主要目的在于说明功能，细节上的小问题无关宏旨。

三、清华简《算表》的整数除法运算

《运算》以 3808÷68 为例，描述了整数除法运算，其运算步骤如下：

将除数"68"分解为"60"与"8"。

从第一功能区（任选横栏或纵行）数字"60"与"8"处分别引出除数线。

在两条除数线诸数中找出同位置之两数相加等于或小于但离被除数最近的数，所见为"3000+400"。

将"3000"与"400"的连线延伸至另一功能栏，所见"50"为商数之十位数值。

以被除数减上述二数即 3808-3400=408，接着在上述两条除数线找出同位置之两数相加与余数"408"相等的数，所见为"360+48"。

将"360"与"48"的连线延伸至功能栏，所见为"6"为商数之个位数值。

对应的数学原理是：$3800÷68=3808÷（60+8）=（3000+400+3800-3000-400）÷（60+8）=（3000+400）÷（60+8）+408÷（60+8）=50+（360+48）÷（60+8）=50+6=56$。

我们用简略的语言描述一下背后的数学原理：

我们假设计算结果对应的个位数是 x，十位数是 y（x，y 均为 0 到 9 的整数），那么本算题就是首先确定 y，找到满足如下条件的 y：$y×10×68≤3808$，且 $（y+1）×10×68>3808$。然后确定 x，找到满足如下条件的 x：$x×68=3808-y×10×68$。当然，如果不能整除，那就是要寻找：$x×68≤3808-y×10×68$ 且 $（x+1）×68>3808-y×10×68$。68 是分母，余数是分子。

《数》《算数书》《九章算术》中均无整数除法的计算方法。这可能是因为，整数除法是基础知识，过于简单，不必赘述。《孙子算经》中有相应的记载，内容如下：

凡除之法：与乘正异。乘得在中央，除得在上方，假令六为法，百为实，以六除百，当进之二等，令在正百下。以六除一，则法多而实少，不可除，故当退就十位，以法除实，言一六而折百为四十，故可除。若实多法少，自当百之，不当复退，故或步法十者，置于十百位（头位有空绝者，法退二位）。余法皆如乘时，实有余者，以法命之，以法为母，实余为子。①

---

①　郭书春，刘钝. 算经十书·孙子算经［M］. 沈阳：辽宁教育出版社，1998：2.

我们以 3808÷68 为例，描述了《孙子算经》中的整数除法运算，其运算步骤如下：

将除数"68"分解为"60"与"8"。

从第一功能区（任选横栏或纵行）数字"60"与"8"处分别引出除数线。

由于 3808 的前两位 38 小于 68，所以第一步参与运算的被除数为 3808 的前三位，即 380。在两条除数线诸数中找出同位置之两数相加等于或小于但离 380 最近的数，所见为"300+40"。

将"300"与"40"的连线延伸至另一功能栏，所见"5"为商数之十位数值。

以被除数的前三位减上述二数即 380−340=40。由此可知，下一步参加运算的被除数是 408。接着在上述两条除数线找出同位置之两数相加与余数"408"相等的数，所见为"360+48"。

将"360"与"48"的连线延伸至功能栏，所见为"6"为商数之个位数值。

对应的数学原理是：$3800÷68=380÷（60+8）（十位）+8（待处理）=（300+40+380−300−40）÷（60+8）（十位）+8（待处理）=（300+40）÷（60+8）（十位）+8（待处理）=50+（360+48）÷（60+8）=50+6=56$。

《运算》与《孙子算经》的记载基本一致，因而是可信的。但其中也存在细微的差异：《孙子算经》的除法是由左到右逐位进行的，先看 38 能否被 68 除，不能，再看 380 能否被 68 除，这样可以保证每次得到的结果都是个位数。对古人来说，这种计算的每一步都是比较简单的。《运算》却是直接用 3808 除以 68，以得到结果的最高位数，虽然计算过程更简单，但是恐怕不符合古人的计算习惯。

第二节　数学推演与数字复原：以《算数书》"大广"算题为例

数字残缺问题，是出土算术类文献整理中的常见问题，对出土算术文献的研究造成了较大的困扰，亟须解决。目前来说，其解决方法主要有：通过红外线扫描，获得更为清晰的图像；结合残余笔画，进行字形分析；采用数学运算，进行推测。本节讨论数学推演在其中所能发挥的作用，主要是介绍两种在特定情况下简单有效的新方法：穷举法、特性分析法。

穷举法，即将取值范围内所有的可选项逐一验证，直到验证完毕。这种方法的要求是：可选项必须是有限的。它在分母完整、分子缺失的情况下，非常简单有效，通常可以极大地缩小范围，甚至是直接得出正确答案。特性分析法，是根据算题的特性，灵活地采取相应的解法。为了简便起见，笔者介绍的是一类特殊的特性分析法——乘数因子包含大素数的特性分析法。

笔者以《算数书》"大广"算题为例，来介绍这两种方法。当然，笔者关注的不是"大广"算题本身，而只是将其作为介绍穷举法和特性分析法的一个例子。

"大广"算题可能是《算数书》最费思量的算题之一。该算题的算法很简单，只是两个分数相乘，得到另一个分数。但由于两个乘数残缺的数据较多，导致复原起来难度较大，而通过细致计算又有可能推导出来。因此，"大广"算题就变成了非常有趣的智力游戏，郭书春、郭世荣、纪志刚、吴朝阳、王元钧等很多学者都进行过细致研究。目前尚未见到能从算法上进行全面无遗漏的推算者，因此笔者决定对该算题进行再校勘，重点在于从算法上涵盖所有的可能性。

需要说明的是，笔者关注的不只是这一道算题，而是试图以此为例，为这一类数字残缺的简牍的复原寻找到一般性的解决方法。

一、问题描述

"大广"算题的内容是：

　　大广　广七步卅九分步之 □□□□□□□□□□ □ □ □□□□□□为□六十四步有（又）三百卅三分步之二百七十三。大广术曰：直（置）广从（纵）而各以其分母乘其上全步，令分子从之，令相乘也为实，有（又）各令分母相乘为法，如法得一步，不盈步以法命之。①

用纯数学语言来表达，是：$7\frac{?}{49} \times ? = 64\frac{273}{343}$。计算方法是：把两个乘数都化为假分数，然后分子乘分子，得数为结果的分子；分母乘分母，得数为结果的分母。然后把结果化为真分数。为了后续的说明和计算方便起见，我们将该算题表述成如下真分数的形式：$7\frac{A}{49} \times B\frac{B_1}{B_2} = 64\frac{273}{343}$（$A$、$B$、$B_1$、$B_2$ 均为正整数，且 $1\leq A\leq48$，$1\leq B_1<B_2$）。

学者们的研究结果主要有：

---

① 张家山二四七号汉墓竹简整理小组. 张家山汉墓竹简二四七号墓（释文修订本）[M]. 北京：文物出版社，2006：156.

（1）郭书春先生的校勘结果，对本算题的已知条件有较大修改，主要包括：将"广七步"改为"广十二步"，将"为□六十四步"改为"为百六十步"，等等①。

（2）郭世荣先生的校勘结果，也对算题的已知条件进行了较大的修改，主要是将"广七步"改为"广三步"②。

（3）王元钧先生的推导结果，也对算题的已知条件进行了较大的修改，主要是从"广七步卅九分步"中去掉了"九"字，将"为□六十四步"改为"为田六十五步"，等等③。

以上三位先生的推导存在一个共同的问题：修改原文已知条件。要知道，已知条件是我们进行推论的基础，这个基础如果不存在，可以进行任何修改，那么本算题就根本无法进行校正。

（4）吴朝阳先生通过仔细观察图版，勉强辨识出"七""步""分步之""田"等文字，在此基础上，通过计算，得到：

　　　　广七步卅分步之七，从九步十四分步之一。问为田几何。

　　得曰：为田六十四步又三百卅三分步之二百七十三。④

吴先生的结论是正确解之一。只是笔者志不在此，故暂且存而不论。值得注意的是，日本"張家山漢簡『算数書』研究会"编的《漢简『算数書』——中国最古の数学書》，和吴先生有同样的计算结果⑤。

（5）纪志刚先生的观点值得重视，他通过计算机程序，得到11种

---

① 郭书春.《算数书》校勘［J］.中国科技史料，2001（3）：202-219.

② 郭世荣.《算数书》勘误［J］.内蒙古师大学报（自然科学汉文版），2001（3）：276-285.

③ 王元钧.张家山汉简《算数书》"大广"脱字补［DB/OL］.简帛网，2009-11-7.

④ 吴朝阳.张家山汉简《算数书》研究［D］.南京：南京师范大学，2011：133-135.

⑤ "張家山漢簡『算数書』研究会".漢简『算数書』——中国最古の数学書［M］.京都：朋友书店，2005：9-10.

可能性，经过排除，留下两种组合，分别是：

> 广七步四十九分步之七，从九步十四分步之一。问为田几
> 何。得曰：为田六十四步又三百四十三分步之二百七十三。
>
> 广七步四十九分步之卅二，从八步十七分步之十九。问为
> 田几何。得曰：为田六十四步有（又）三百四十三分步之二
> 百七十三。①

纪先生通过计算机寻找各种可能性，具有较强的说服力，结论较为可取，但也存在以下几点缺憾：

第一，纪先生的排除方法有错误。他计算出来的"从"全部都是最简分数，没有注意到"从"可以不是最简分数。以纪先生的计算结果来说，$7\frac{7}{49}$、$7\frac{42}{49}$ 都不是最简分数，他却要求"从"必须是最简分数，并据此进行排除。这是难以说服人的。比如，$8\frac{1}{3}$ 被排除了，理由是分母 3 不是 7 的倍数。其实，我们完全可以把该分数变成非最简分数 $8\frac{7}{21}$，这样就可以满足条件了。

第二，纪先生假定第二个分数的分母小于 343，问题在于，它为什么就不能大于 343？要知道，结果是经过一定程度约分的，它完全可以大于 343，经过约分后变成 343。当然，纪先生这么做是有苦衷：倘若不限制第二个分数的分母大小，那就会有无穷无尽种可能。他只能人为设定一个最大值。这恰恰说明计算机穷举法在这道题上的局限性。只有一般性的算法才能真正解决这个问题。

---

① 纪志刚.《算数书》"小广""大广"二问的释读与校勘 [J]. 自然科学史研究, 2005 (3)：229-235.

第三，纪先生是用计算机进行暴力破解的，尝试的排列组合超过 $(1+2+3+\cdots+342)\times48\times2=5630688$ 种。这种方法虽然给出了答案，但是没有算法和计算过程，这不能不说是一个遗憾。

总之，纪先生的计算方法不是很完美，存在这样或那样的问题，却是很有价值的，原因在于，这种计算方法实际上已经具备了穷举法的雏形，值得引起我们的重视。

在进行具体的计算之前，我们先讨论这道题目的两个限制条件。

限制条件 1：我们可以根据缺失的字数，大体推断出 A、B_1、B_2 所占的字数。按照《算数书》和秦汉数学材料的表述规范，我们可以给"大广"算题补充一些文字（用加粗字体标识）："大广 广七步卅九分步之□□从八（或'九'，由下文可知）步□□分步之□问为田几何。曰：为田六十四步有（又）三百卅三分步之二百七十三。"其中，"问"字可以省略，《算数书》公布答案的句式有"曰"和"得曰"两种，也就是说，A、B_1、B_2 的字数加起来是 4（"得曰"）到 6（省略"问"字）个字之间。当然，我们还需要提醒读者秦汉数学的某些特殊表达，包括：（1）百位数、千位数、万位数等是 1 的情况下，可以把"一"字省略。（2）20、30、40、70 可以分别简写为"廿""卅""卌""十"。

限制条件 2：我们注意到，计算结果 343 可以化为 49×7，而被乘数的分母是 49，这表明 7 这个因子应该来自 B_2。如果上述 8 组数据的 B_2 不能整除 7，需要将 B_1、B_2 都乘以 7。

二、暴力破解法

纪志刚先生试图用计算机软件给 A、B、B_1、B_2 赋予不同的值，来尝试各种可能性。他尝试了几百万种可能性，结果却只是差强人意。这种做法并不可行，反而将问题搞复杂了。实际上，暴力破解法是最简单、最直观的方法，我们不需要管 B、B_1、B_2 的值，只需要根据 $1\leqslant A$

≤48 这一限制条件，尝试 A 的 48 种可能性，就可以根据 $B\dfrac{B_1}{B_2}=64\dfrac{273}{343}\div 7\dfrac{A}{49}$，算出相应的 B、B_1、B_2 的值——我们将所得结果化为带整数的分数，整数部分即为 B，分数部分的最简形式，其分母即为 B_2，分子即为 B_1（当然，我们可以根据需要进行调整，使之成为非最简形式）。例如，我们可以尝试 A 为 3 的情况，$64\dfrac{273}{343}\div 7\dfrac{A}{49}=64\dfrac{273}{343}\div 7\dfrac{3}{49}=9\dfrac{61}{346}$，因此 $B=9$，$B_2=346$，$B_1=61$。以此类推，只需要尝试 48 次，就可以得到所有的结果。由于这个结果多达 48 个，而且容易获得，这里就不详细论述了。

48 种可能性之中，能够满足限制条件 1 的只有 A 为 2、7、27、32、37、38、42、47 这 8 组数据，再根据限制条件 2 进行调整，可以发现只有 A 为 7、32、38、42 这 4 组数据成立。至此，我们得到该算题的全部四种可能：$7\dfrac{7}{49}\times 9\dfrac{1}{14}=64\dfrac{273}{343}$，$7\dfrac{32}{49}\times 8\dfrac{49}{105}=64\dfrac{273}{343}$，$7\dfrac{38}{49}\times 8\dfrac{7}{21}=64\dfrac{273}{343}$，$7\dfrac{42}{49}\times 8\dfrac{19}{77}=64\dfrac{273}{343}$。它们对应的最终文字是：

（1）广七步卅九分步之七，从九步十四分步之一。问为田几何。得曰：为田六十四步有（又）三百四十三分步之二百七十三。

（2）广七步卅九分步之卅二，从八步百五分步之卅九。为田几何。曰：为田六十四步有（又）三百四十三分步之二百七十三。

（3）广七步卅九分步之卅八，从八步廿一分步之七。问为田几何。曰：为田六十四步有（又）三百四十三分步之二百七十三。

（4）广七步卅九分步之卅二，从八步十七分步之十九。为田几何。曰：为田六十四步有（又）三百四十三分步之二百七十三。

需要注意的是，当 $A=7$ 或 42 时，$7\dfrac{A}{49}$ 不是最简分数；当 $A=32$ 或 38 时，$B\dfrac{B_1}{B_2}$ 不是最简分数。也就是说，该算题肯定存在并非最简分数的形式。

通过这道算题，我们可以看出：穷举法有可能会成为解决这一类问题的通用方法——如果一个分数的分母是完整的，分子有残缺，就可能将分子的取值限定在一个较小的范围内，配合以其他限制条件，或许会很容易得到几组最优解。退一步讲，就算分母也残缺，只要没有完全残缺，还是可以用枚举法。比如，如果本算题被乘数的分母"49"残缺了一个数字，我们就完全可以假定该数字为从0—9的数字，进行代入计算。其计算步骤依然是有限的，并且涵盖了所有的可能性。因此，在分母齐全或者部分残缺并知道残缺的位数的情况下，穷举法是具有较大价值的推导方法。

三、特性分析法

特性分析法是指先寻找该算题的特性，再根据这些特性，尽量缩减可能性和计算范围。如前所述，本算题采取的实际上是乘数因子包含大素数的特性分析法（主要体现在下文的"性质3"中）。我们将等式 $7\dfrac{A}{49} \times B\dfrac{B_1}{B_2} = 64\dfrac{273}{343}$ 化为假分数的形式，可以得到方程1：$\dfrac{343+A}{49} \times$ $\dfrac{B \times B_2 + B_1}{B_2} = \dfrac{5 \times 5 \times 7 \times 127}{49 \times 7}$。采用特性分析法的计算过程如下：

性质1：我们可以推测 B 的大致范围。$B\dfrac{B_1}{B_2}$ 的值介于 $64\dfrac{273}{343} \div 7\dfrac{48}{49} \approx$ 8.1 和 $64\dfrac{273}{343} \div 7\dfrac{1}{49} \approx 9.2$ 之间，B 只能取值8或者9。

当 $B=9$ 时，$7\dfrac{A}{49} = 64\dfrac{273}{343} \div 9\dfrac{B_1}{B_2} < 64\dfrac{273}{343} \div 9 \approx 7.2$，$A$ 的取值范围为 $[1, 9]$。

当 $B=8$ 时，$7\dfrac{A}{49} = 64\dfrac{273}{343} \div 8\dfrac{B_1}{B_2} > 64\dfrac{273}{343} \div 9 \approx 7.2$，$A$ 的取值范围为

[10，48]。

性质 2：343＝49×7，这表明 7 这个因子应该来自 B_2，可表述为 $B_2＝7m$（m 是正整数）。在计算的过程中，m 被当成公因子消去了，所以没有显示在结果的分母值 343 中。

性质 3：通过分析方程 1 可知，343＋A 和 $B×B_2＋B_1$ 之中至少有一个能整除 127，因此本题可以化解为两个部分：343＋A 能整除 127；$B×B_2＋B_1$ 能整除 127。所有的可能解均在这其中。

（1）343＋A 能整除 127

由于 $1 \leqslant A \leqslant 48$，343＋$A$ 的取值范围是［343，391］，其中能被 127 整除的只有 381，此时 $A＝38$。由 $7\frac{38}{49}×?＝64\frac{273}{343}$ 可知，? 的最简分数形式是 $8\frac{1}{3}$，参考性质 2 可知，该分数应变成 $8\frac{7}{21}$。

（2）$B×B_2＋B_1$ 能整除 127

即 $B×7m＋B_1＝127d$，其中 m、d 均为正整数，$0<B_1<7m$，$B＝8$ 或 9。我们可以分成如下两种情况进行讨论：

①$B＝9$，即 $9×7m＋B_1＝127d$，变形得：$B_1＝127d-9×7m$。由于 $0<B_1<7m$，可得：$\frac{127}{70}d < m < \frac{127}{63}d$，即 $1.81d < m < 2.02d$，$m＝2d$。

$B_1＝127d-9×7×2d＝d$。第二个乘数是 $9\frac{d}{7×2d}＝9\frac{1}{14}$，第一个乘数是 $64\frac{273}{343}÷9\frac{1}{14}＝7\frac{7}{49}$。

②$B＝8$，即 $8×7m＋B_1＝127d$（方程 2）变形得：$B_1＝127d-8×7m$。由于 $0<B_1<7m$，可得：$\frac{127}{63}d < m < \frac{127}{56}d$，即 $2.02d<m<2.27d$，只有当 $\frac{127}{63}d$、$\frac{127}{56}d$ 的整数部分不一样时，整数 m 才可能存在。由此可知，$d \geqslant$

4。当 $d \geqslant 7$ 时，B_2 将是三位数，字数超出限制，不符合要求。因此，d 的值只能取 4、5、6、7 之一。其中存在两个可能解，即 $7\frac{32}{49} \times 8\frac{49}{105} = 64\frac{273}{343}$，$7\frac{42}{49} \times 8\frac{19}{77} = 64\frac{273}{343}$。

至此，我们就会得到该算题的全部四种可能解。即如果 $343+A$ 能整除 127，那么对应的解是：$7\frac{38}{49} \times 8\frac{7}{21} = 64\frac{273}{343}$。如果 $B \times B_2 + B_1$ 能整除 127，且 $B = 9$，那么对应的解是：$7\frac{7}{49} \times 9\frac{1}{14} = 64\frac{273}{343}$。如果 $B \times B_2 + B_1$ 能整除 127，且 $B = 8$，那么对应的解是：$7\frac{32}{49} \times 8\frac{49}{105} = 64\frac{273}{343}$，$7\frac{42}{49} \times 8\frac{19}{77} = 64\frac{273}{343}$。相关的文字已经在上文表述过了，这里不再赘述。

四、结语

我们可以看到，上述两种计算方法适用的情况不一样：在分母完整（或者是部分残缺，且明确知道残缺了多少位）、分子残缺的情况下，穷举法较为简单有效，只需要将分子按照从 1 到分母减 1 的顺序，逐个代入即可。在数字存在某些特性，尤其是存在大素数乘数因子的情况下，特性分析法较为简单有效。我们在明确等式两边都有该大素数因子的前提下，通过查找该大素数因子所在的位置，可以将计算简化为几种情况。也就是说，这两种方法都是针对特定情况的有效方法。我们认为，数学是出土算术类文献的核心要素，加强数学运算在出土算术类文献整理和研究中的比例，似乎应该成为应有之义。

第二章

出土算术材料具体问题研究

本章根据出土算术材料，研究一些具体问题。第一节讨论了学界关注已久的竹简形制问题，或许有一定的参考价值。

第一节　从《算数书》看秦汉竹简的选材与制作

竹子是秦汉时期重要的经济作物，史籍多有记载，出土文献也多有实物。以下若干条记载引起笔者的思索：

竹竿万个。①

（杨仆）坐为将军击朝鲜畏懦，入竹二万个，赎完为城旦。②

今有出钱一万三千五百，买竹二千三百五十个。问个几何？答曰：一个，五钱四十七分钱之三十五。③

---

① 司马迁. 史记 [M]. 北京：中华书局，1982：3274.
② 班固. 汉书 [M]. 北京：中华书局，1962：655.
③ 郭书春. 九章算术新校 [M]. 合肥：中国科学技术大学出版社，2014：74.

今有出钱五百七十六，买竹七十八个。欲其大小率之，问

各几何？答曰：其四十八个，个七钱。其三十个，个八钱。①

这些记载说明，竹子的计量单位是"个"。尤其是后三者，说明竹子作为经济作物出售时，是以"个"为单位的，而非以重量或者长度为单位（算题中，每个竹子的价格为5.7或7.4钱）。这就涉及一个问题：不同的竹子长短不同，粗细不同，有时还会差别很大，怎么能都以"个"为单位呢？这说明，当时对作为经济作物出售的竹子的长短、粗细等方面，一定有统一的规定。最起码的，应该规定最低长度、最小直径（或周长）。只是由于材料的限制，我们已经无法确知其具体规定。幸运的是，张家山汉简《算数书》中的"程竹"算题，对我们理解用于制作竹简的竹子的长度、直径等方面的官方标准，有所帮助。

为论述方便起见，先将"程竹"算题的内容罗列如下：

程竹　程曰：竹大八寸者为三尺简百八十三，今以九寸竹

为简，简当几何？曰：为二百五简八分简七。术曰：以八寸

为法。

程曰：八寸竹一箇为尺五寸简三百六十六。今欲以此竹为

尺六寸简，简当几何？曰：为三百廿〈卅〉三［简］八分简

一。术曰：以十六寸为法。②

"程"字很重要，表明本算题记载的都是官方标准。宋杰先生在《〈九章算术〉与汉代社会经济》一书中，对"程"字代表秦汉时期的官方标准，已经有比较细致的总结与说明，感兴趣的读者可以自行参

① 郭书春.九章算术新校［M］.合肥：中国科学技术大学出版社，2014：75.
② 张家山二四七号汉墓竹简整理小组.张家山汉墓竹简二四七号墓（释文修订本）［M］.北京：文物出版社，2006：141.内容根据学者们的研究成果，有一定修正。

考，这里不再赘述。① 既然是官方标准，内容又涉及竹简制作，因而对学者们关注甚多的竹简形制、竹简选材等方面的研究，都会有所裨益。因此，"程竹"算题是《算数书》中非常有价值的一道算题。本书从以下几个方面进行讨论：

一、制作竹简的竹子种类

文中的"八寸""九寸"都是指竹子的直径。秦汉时期的 8 寸是 18.84 厘米，9 寸是 20.79 厘米。一位南方同学韦夏宁对我说："这道题里的竹子怎么会那么粗？竹子很少有这么粗的！"笔者是北方人，对竹子了解不多。她的话引起笔者的重视。笔者向中国文化遗产研究院刘绍刚老师请教：制作竹简用的竹子是什么品种？刘老师回复说："因地制宜，毛竹比较多。"笔者查阅了《中国竹类植物图志》，发现竹子确实大都直径在 8 厘米以下，很少有达到 18 厘米的，然而毛竹是特例：

> 毛竹……大型竹，秆高达 20m 以上，径 18cm，节间短，壁厚……为我国最主要的笋用与材用竹种……分布：秦岭汉水流域以南各地，并已占我国竹林总面积的 2/3 以上，是我国面积最大、分布最广的经济竹种。②

毛竹的直径恰好和《算数书》中的数据相一致，均为直径 18 厘米左右，加上刘绍刚老师的解答，可证这道算题所用的竹子，应该就是毛竹，《算数书》的记载是非常符合当时的实际情况的。

《中国竹类植物图志》说的"节间短"也值得重视。据谢芳先生研

---

① 宋杰.《九章算术》与汉代社会经济［M］. 北京：首都师范大学出版社，1994：1.
② 朱石麟，马乃训，傅懋毅. 中国竹类植物图志［M］. 北京：中国林业出版社，1994：123.

究，海拔高度对毛竹的节长有影响，海拔越高，节长越短，总的来说，毛竹的平均节长为 24~29 厘米，最长不超过 40 厘米。[1] 本算题中所说的三尺简，是秦汉时期的三尺，为 69.3 厘米（下文所说的"三尺"，均为秦汉时期的三尺，不再单独指出），远远超过毛竹的节长，可见三尺简是使用好几节竹子做成的。然而完全忽略竹节也不可取，这是因为竹节比较坚硬，不适合加工。制作竹简时，尽量选择从竹节处分开，似乎是较为合理的。我们在下一段中对竹节长度的分析可以证实这一点。

笔者注意到，张家山汉简的出土地湖北江陵"海拔高程在 40 米以上（马家寨乡文新村五家河）—25.3 米（沙岗镇九甲湖电排）之间"[2]，符合谢芳先生所说最适合竹子生长的海拔 400 米以下的条件，因而我们可以采用谢芳先生所统计的数据，认为本算题中的竹简节长大致为：第 1~5 节每节 14.84 厘米，6~10 节每节 27.28 厘米，11~15 节每节 34.18 厘米，16~20 节每节 39.2 厘米，21~25 节每节 38.76 厘米，26~30 节每节 36.2 厘米，31~35 节每节 32.06 厘米，36~40 节每节 22.66 厘米，41~45 节每节 21.42 厘米，46~50 节每节 16.76 厘米。通过分析这组数据，我们可以看出：第 1~5 节加起来，约为三尺；6~10 节高约六尺，从中间截开，恰为两个三尺；11~35 节，每两节加起来，约为三尺；36~45 节，每三节加起来，约为三尺；46—50 节，每四节加起来，约为三尺（竹子末梢部分较细，未必会被使用）。这或许就是制作三尺简时的截竹标准。这种标准既保证了三尺的长度，又尽量选择从竹节处截断，降低了加工难度，似乎较为可信。笔者在后文对这一问题有详细推算。《九章算术》中的部分记载，也提供了蛛丝马迹的线索：

---

[1] 谢芳.毛竹节间性状及其海拔效应研究 [J].江西农业大学学报,2002（1）:86-89.下文所引谢氏之言均出于此,不再出注.

[2] 江陵县人民政府.行政区划 [EB/OL].江陵县人民政府官方网站,2017-5-22.

今有竹九节，下三节容四升，上四节容三升。问中间二节欲均容，各多少？

答曰：下初一升六十六分升之二十九。次一升六十六分升之二十二。次一升六十六分升之一十五。次一升六十六分升之八。次一升六十六分升之一。次六十六分升之六十。次六十六分升之五十三。次六十六分升之四十六。次六十六分升之三十九。

术曰：以下三节分四升为下率，以上四节分三升为上率。

（《九章算术》卷六《均输章》）

这条记载表明，当时的竹子容量似乎是以若干节为同一单位的，比如算题中说的"下三节""上四节""中二节"等。这样做是很合理的：不同节的粗细、长度均有不同，应该将具有相近容量、长度的若干竹节，作为同样的情况进行考虑，而和其他竹节区分开来。当然，由于这一条材料为孤证，难以形成定论，故只能暂且罗列于此。

二、汉初竹简的形制问题

王国维先生在其名著《简牍检署考》中，对竹简形制有过经典论述，其文为："古策有长短，最长者二尺四寸，其次二分而取一，其次三分取一，最短者四分取一。"[①] 随着出土简牍的增多，学者们发现该论述与实物并不完全符合，因而出现了很多不同的解释。这里不再赘述。笔者想强调的是，王国维先生的论断是从制度规定的角度来说的，而这些新观点都来自实物观察。制度规定和实际情况可能会有一定的差距，如果我们能从制度规定的角度，直接找出反证来，说服力无疑会更强。《算数书》"程竹"算题恰恰就提供了这样的标准。

---

① 王国维，胡平生，马月华. 简牍检署考校注［M］. 上海：上海古籍出版社，2004：14.

既然官方标准中有"三尺简""尺六寸简",两者均不在王国维先生所列的简长之中,这就说明王国维先生的总结是有问题的。当然,王国维先生为了弥合史书中出现的三尺法和二尺四寸法的不同记载,认为三尺指周尺,相当于汉代的二尺四寸。这么一来,似乎"三尺简"就可以解释得通了。但这种解释在本算题中也是行不通的。有两个问题:

第一,秦汉之际的官方标准"程",为什么要用周代的度量衡单位?这样岂不是会造成混乱吗?使用者怎么可能知道"程"里的单位是"古代"的周尺,而不是"当代"的汉尺呢?明显解释不通。

第二,按照王国维先生的逻辑,汉代的二尺四寸简、一尺二寸简分别对应周代的三尺、一尺五寸。就算这里的计量单位真的是周尺,那么本书中出现的"尺六寸简",也没有对应的周代尺寸的简牍,因而是解释不通的。

由此可知,王国维先生的总结可能无法用于秦汉竹简上。"程竹"算题从制度规定的角度,提供了新的证据。

三、制作三尺简的竹子长度的官方标准的计算

如前所述,"程"字表明"竹大八寸者为三尺简百八十三""八寸竹一个为尺五寸简三百六十六"都是官方标准。也就是说,制作竹简的竹子,按照官方标准应该直径在八寸(以上),制成三尺简要在183枚以上,制成一尺五寸简要在366枚以上,不符合此标准就要受罚。这说明,制作竹简时所选用的竹子一定有最低长度,而不能特别短小。我们假设竹子的表面积为 S,长度为 h(cm),可以计算出竹子的表面积为:

$$S = 2\pi rh = \pi \times 8 \ (寸) \ \times h \tag{1}$$

我们知道,一根竹子能做多少根竹简主要取决于竹子的表面积。假设一枚竹简的宽度为 d(cm),我们可以得到如下等式:

$S=30$（寸）$\times d \times 183$　　　　　　　　　　　　　　　　（2）

将（1）和（2）两个等式联立，可得：

$\pi \times 8$（寸）$\times h=30$（寸）$\times d \times 183$　　　　　　　　　（3）

h、d 均为未知数，知道其中一个，就可以计算出另外一个。需要注意的是，只有竹子的长度 h 是三尺的整数倍时，才能做出三尺简。比如，如果竹子长五尺，那就只有一段竹子可以做成三尺简，剩下的二尺由于长度不够，便只能被废弃。因此，如果计算出来的竹子长度，有不足三尺的部分，要将其补足三尺。这一原则将被我们用于修正计算结果。

本算题中并未给出竹简的宽度 d 的数值，我们可以根据实际出土竹简的宽度来进行合理推测。首先需要说明的是，新近公布的《岳麓书院藏秦简》中，出现了木牍形制的官方规定，其内容如下：

　　用牍者，一牍毋过五行。五行者，牍广一寸九分寸八，【1718 简】四行者，牍广一寸泰半寸；·三行者，牍广一寸半寸。·皆谨调護（护）好浮书之，尺二寸牍一行毋过廿六字。·尺【1719 简】牍一行毋过廿二字。书过一章者，章□之，辞所当止皆服之，以别易（易）智（知）为故。书却，上对而复与却书及【1731 简】事俱上者，缥编之，过廿牒，阶（界）其方，江（空）其上而署之曰：此以右若左若干牒，前对、请若前奏。·用疏者，如故。【1722 简】不从令及牍广不中过十分寸一，皆赀二甲。【1814 简】请：自今以来，诸县官上对、请书者，牍厚毋下十分寸一，二行牒厚毋下十五分寸一，厚过程者，毋得各过【1848 简】其厚之半。为程，牍牒各一。不从令者，赀一甲。御史上议：御牍尺二寸，官券牒尺六寸。·制曰：更尺一寸牍【1852 简】牒。·辛令丙四

【1702 简】

这是一个非常令人振奋的消息，对于解决学者们关注已久的简牍形制问题，会产生很大的推动作用。可惜的是，其中并没有对竹简形制的规定。我们只能自行统计和推测。关于竹简宽度方面的统计信息，目前已有邢义田先生、贾连翔先生给出过统计数据。邢义田先生在《汉代简牍的体积、重量和使用》一文中，统计了台湾地区史语所藏居延汉简的信息。其中，检测居延木简 54 枚，竹简 14 枚，单行一尺木简 9 枚。邢义田先生将 14 枚竹简分为两组，一组 12 枚，宽度为 0.6—1.2 厘米，平均为 0.841 厘米。另一组 2 枚，宽度分别为 0.7 厘米和 1.2 厘米，平均为 0.95 厘米。[①] 邢义田先生的统计，对于本书有一定的借鉴价值。不过，由于邢先生统计的样本较小，仅为 14 枚竹简，而且产地和时代信息比较单一，均为居延汉简。因此，该统计信息对本书的参考价值不是特别大。相比之下，贾连翔先生的统计范围要大一些，共涉及信阳楚简、九店楚简、慈利简、郭店简、上博简、清华简 6 种材料，而且每种材料都以文章的篇名为单位，进行分别统计，因而数据较为翔实[②]。据笔者写作本书的 2018 年所见材料，至少有 42 种简牍材料公布过竹简的宽度信息。所以，笔者决定进行新的统计。统计结果见表 2-1（排列顺序为秦—楚—汉）：

① 邢义田. 地不爱宝：汉代的简牍 [M]. 北京：中华书局，2011：3-5.
② 贾连翔. 战国竹书形制及其相关问题研究 [M]. 上海：中西书局，2015：105-111.

表 2-1 秦汉出土简牍长宽一览表

竹简材料名称	竹简长度	竹简宽度	数据出处
湖北云梦睡虎地秦简	23.1—27.8 厘米	0.5—0.8 厘米	孝感地区第二期亦工亦农文物考古训练班：《湖北云梦睡虎地十一号秦墓发掘简报》，《文物》1976 年第 6 期，第 1—10 页
湖北云梦龙岗秦简	28 厘米	0.5—0.7 厘米	刘信芳、梁柱：《云梦龙岗秦简》，北京：科学出版社，1997 年，第 11 页
岳麓书院藏秦简	25—30 厘米	0.5—0.8 厘米	朱汉民、陈松长主编：《岳麓书院藏秦简》（壹）"前言"，上海：上海辞书出版社，2010 年
湖北江陵扬家山 135 号秦墓	22.9 厘米	0.6 厘米	刘德银：《江陵扬家山 135 号秦墓发掘简报》，《文物》1993 年第 8 期，第 1—11 页
甘肃天水放马滩 1 号秦墓	27.5 厘米（73 枚），26 厘米（379 枚）	0.7 厘米（73 枚），0.6 厘米（379 枚）	何双全：《天水放马滩秦简综述》，《文物》1989 年第 3 期，第 23—31 页。
湖南长沙周家台 30 号秦墓	29.3~29.6 厘米，21.7~23 厘米	0.5~0.7 厘米，0.4~1 厘米	彭锦华：《关沮秦汉墓清理简报》，《文物》1999 年第 6 期，第 26—47 页
湖南长沙仰天湖 25 号楚墓	20.6~23.1 厘米	1.2 厘米	戴亚东：《长沙仰天湖第 25 号木椁墓》，《考古学报》1957 年第 2 期，第 85—94 页

续表

竹简材料名称	竹简长度	竹简宽度	数据出处
河南信阳长台关 1 号楚墓	68.5~69.5 厘米(遣册)，33 厘米（残）	0.4 厘米，0.5~0.9 厘米(遣册)，0.7~0.8 厘米	河南省文物研究所：《信阳楚墓》，北京：文物出版社，1986 年，第 67 页。商承祚：《战国楚竹简汇编》，济南：齐鲁书社，1995 年，第 19 页①
湖北江陵望山 1 号楚墓	39.5 厘米（残）	约 1 厘米	湖北省文化局文物工作队：《湖北江陵三座楚墓出土大批重要文物》，《文物》1966 年第 5 期，第 33—55 页
湖北江陵望山 2 号楚墓	64 厘米左右	0.6 厘米	同上
湖南长沙五里牌 406 号楚墓	13.2 厘米（残）	0.6~0.7 厘米	夏鼎：《长沙近郊古墓发掘记略》，《科学通报》1952 年第 7 期，第 492—497 页
湖南长沙杨家湾 6 号楚墓	13.5 厘米	0.6 厘米	吴铭生、戴亚东：《长沙出土的三座大型木椁墓》，《考古学报》1957 年第 3 期，第 93—101 页
河南新蔡葛陵 1 号楚墓	原文："简长度不详"	一般为 0.8 厘米，0.6~1.2 厘米	曾晓敏、宋国定、贾连敏、谢辰、叶嘉林：《河南新蔡平夜君成墓的发掘》，《文物》2002 年第 8 期，第 4—19 页

---

① 研究长台关 1 号楚墓，有两种基本材料，分别是：（1）河南省文物研究所. 信阳楚墓［M］. 北京：文物出版社，1986.（2）商承祚. 战国楚竹简汇编［M］. 济南：齐鲁书社，1995. 让人颇感诧异的是，在描述遣册长宽时，两者存在很大差异。《信阳楚墓》说："简长 68.5—68.9 厘米。最长的一根是 69.5 厘米。简宽 0.5—0.9 厘米、厚 0.1—0.15 厘米。"（第 67 页）《战国楚竹简汇编》说："宽约零点四厘米"。（第 19 页）简宽到底是 0.4 厘米还是 0.5—0.9 厘米呢？笔者未见到实物，且缺乏第三方佐证，只能存疑。《战国楚竹简汇编》未录长度信息，所以长度取《信阳楚墓》的记载。

竹简材料名称	竹简长度	竹简宽度	数据出处
湖北江陵九店 56 号楚墓	46.6~48.2 厘米	0.6~0.8 厘米	湖北省文物考古研究所：《江陵九店东周墓》，北京：科学出版社，1995 年，第 339 页
湖北江陵九店 621 号楚墓	22.2 厘米	0.6~0.7 厘米	同上，第 340 页
湖北江陵九店 411 号楚墓	68.8 厘米	0.6 厘米	同上
湖北荆门包山 2 号楚墓	68~72.3 厘米	0.5~1 厘米	包山墓地竹简整理小组：《包山 2 号墓竹简概述》，《文物》1988 年第 5 期，第 25—30 页
湖北黄冈曹家岗 5 号楚墓	12.8~12.9 厘米	0.7~0.75 厘米	吴晓松、洪刚：《湖北黄冈两座中型楚墓》，《考古学报》2000 年第 2 期，第 257—292 页
湖南常德德山夕阳坡 2 号楚墓	68 厘米	1.1 厘米	骈宇骞、段书安：《二十世纪出土简帛综述》，北京：文物出版社，2006 年，第 437 页。
湖北江陵砖瓦厂 M370 楚墓	61.1~62.4 厘米（残简 4 枚不统计）	0.7~0.9 厘米	同上，第 457 页
湖北荆州郭店 1 号楚墓	15—32.4 厘米	0.45—0.6 厘米	王传富、汤学锋：《荆门郭店一号楚墓》，《文物》1997 年第 7 期，第 35—50 页
湖南慈利石板村 36 号战国墓	约 45 厘米	0.4—0.7 厘米	湖南省文物考古研究所、慈利县文物保护管理研究所：《湖南慈利石板村战国墓》，《考古学报》1995 年第 2 期，第 173—207 页

竹简材料 名称	竹简长度	竹简宽度	数据出处
上博简	24~55.5 厘米	0.5~0.7 厘米，以0.6 厘米居多	马承源主编，上海博物馆编：《上海博物 馆藏战国楚竹书》（一——九），上海：上 海古籍出版社，2001年—2012年
清华简	16~47.5 厘米	0.5~0.7 厘米， 《算表》为 1.2厘米	李学勤主编，清华大学出土文献研究与 保护中心编：《清华大学藏战国竹简》 （一——五），上海：中西书局，2010年— 2015年
湖北随州曾 侯乙墓	70~75 厘米	1厘米	萧圣中：《曾侯乙墓竹简释文补正暨车马 制度研究》，北京：科学出版社，2011 年，第4页
江苏扬州胥 浦 101 号 汉墓	22.3厘米 （16枚）， 36.1厘米 （1枚）	1.2~1.9 厘米 （16枚）， 0.9厘米 （1枚）	王勤金、吴炜、徐良玉、印志华：《江苏 仪征胥浦101号西汉墓》，《文物》1987 年第1期，第1—17页
河北定县八 角廊 40 号 汉墓	11.5厘米	0.8厘米 左右	李均明、何双全：《散见简牍合集》，北 京：文物出版社，1990年，第44页（八 角廊汉墓发掘简报未记载长度、宽度信 息）。
湖北江陵凤 凰山 8 号 汉墓	22.4~23.8 厘米	0.55~0.8 厘米	同上，第55页
湖北江陵凤 凰山 10 号 汉墓	23厘米	0.7厘米	同上，第66页。
湖南长沙马 王堆 1 号 汉墓	27.6厘米	0.7厘米	同上，第108页。

竹简材料名称	竹简长度	竹简宽度	数据出处
湖北江陵藤店1号汉墓	18厘米（残）	0.9厘米	同上，第131页
北京大葆台汉墓	20.5厘米	0.7厘米	同上，第131页
陕西咸阳马泉汉墓	6厘米（残）	0.7厘米	同上，第131—132页
湖北江陵张家山汉简《算数书》①	25厘米	0.6~0.7厘米	彭浩：《张家山汉简〈算数书〉注释》，北京：科学出版社，2001年，第2页
北大简（西汉）	30.2~30.4厘米，31.9~32.2厘米，23~23.2厘米	0.7~1厘米	朱凤瀚、赵化成等：《北京大学藏西汉竹书分述》，《文物》2011年第6期，第57—89页。北京大学出土文献研究所：《北京大学藏西汉竹书》（伍），上海：上海古籍出版社，2014年，第216—224页。北京大学出土文献研究所：《北京大学藏西汉竹书》（肆），上海：上海古籍出版社，2015年，第140—143页
敦煌汉简	23.3厘米，36~37厘米	约0.8厘米，0.6~1.3厘米	中国简牍集成编辑委员会：《中国简牍集成》（第三册），兰州：敦煌文艺出版社，2001年，第6、196页
湖北江陵凤凰山168号汉墓	24.2~24.7厘米	0.7~0.9厘米	纪南城凤凰山一六八号汉墓发掘整理组：《湖北江陵凤凰山一六八号汉墓发掘简报》，《文物》1975年第9期，第1—7页

---

① 《张家山汉墓竹简二四七号墓》（释文修订本）一书不含宽度信息，彭浩先生透露其中的《算数书》简宽0.6~0.7厘米，不知其他简长。

续表

竹简材料名称	竹简长度	竹简宽度	数据出处
山东临沂银雀山汉墓	27.5厘米	0.5~0.7厘米	骈宇骞、段书安：《二十世纪出土简帛综述》，北京：文物出版社，2006年，第396页
湖北沙市萧家场26号汉墓	23.7~24.2厘米	0.6~0.9厘米	同上，第458页
湖南沅陵虎溪山1号汉墓	14厘米（黄簿），27厘米（日书），46厘米（美食方）	0.7厘米（黄簿），0.8厘米（日书、美食方）	同上，第474、475页
湖北随州孔家坡8号汉墓	34厘米（长），27厘米（短）	0.8厘米（长），0.6厘米（短）	同上，第476页
江苏连云港东海县尹湾汉墓	22.5~23厘米	0.8~1厘米，0.4厘米	连云港市博物馆、东海县博物馆、中国社会科学院简帛研究中心、中国文物研究所：《尹湾汉墓简牍》，北京：中华书局，1997年，第175—180页

说明：

1. 该表仅统计竹简，不统计木简、竹牍。学界一般认为简牍的长度有重要价值，和简牍的内容、用途密切相关，因而简牍整理者对长度信息非常重视，均有著录。宽度信息则为许多整理者未曾注意，故而信息不多。

2. 尹湾汉墓竹简的宽度，学者一般引用整理者的说法，分大简（0.8~1厘米，所记内容为《神乌赋》）和小简（0.3~0.4厘米）两种（见《尹湾汉墓简牍·前言》）。但据该书文后的"简牍尺寸索引"可知，该尺寸实际上是脱水后的尺寸，会比实际尺寸略小一些，本书采用脱水前的尺寸。

下面，我们再统计不同宽度的竹简出现的频率，见表2-2：

表2-2 不同宽度的战国秦汉简牍出现频率表

竹简宽度（厘米）	出现次数	所占比例（%）（取整数）
0.4	3	2
0.5	11	9
0.6	24	20
0.7	29	24
0.8	20	17
0.9	13	11
1	7	6
1.1	4	3
1.2	7	6
1.3以上（含）	3	2
合计	121	100

通过上面的统计，我们可以知道：战国秦汉时期竹简宽度一般为0.6~0.9厘米，比例合计达70%。少数竹简会长一些，如敦煌简有达到1.3厘米者，放马滩秦简甚至有达到1.9厘米者。还有少数简牍会非常短，如尹湾汉墓出现了宽仅0.4厘米的"小简"。宽度相差如此之大，无疑会给我们的研究带来很大困扰：究竟该选取何者为计算标准？

很显然，竹简做得越宽，一根竹子可以制作的竹简枚数就越少，也就越难以完成"程"所要求的枚数。反之，竹简做得越窄，就越容易完成"程"所要求的枚数。但是太窄了，又会导致书写困难。因此，必须规定竹简的最低宽度。

值得注意的是，长台关1号楚墓竹简、九店411号楚墓竹简、包山2号楚墓竹简、夕阳坡2号楚墓竹简、曾侯乙墓竹简的长度分别为68.5~69.5厘米、68.8厘米、68~72.3厘米、68厘米、70~75厘米，与题目中说的"三尺简"（69.3厘米）接近，其最低宽度为0.4厘米或0.5

厘米，所以我们可以认为，本算题的最低宽度可以取 0.4 厘米或 0.5 厘米。在实际的制作过程中，可以根据情况进行调整，适当做得更宽一些，但也不宜过宽，否则会浪费原材料、影响携带和使用。

当宽度取 0.4 厘米时，$h = 30$（寸）$\times 0.4$ 厘米 $\times 183 \div \pi \div 8$（寸）$=$ 91.5 厘米（π 值按照秦汉时期的惯例，取 3），约合汉尺 4 尺（合今 92.4 厘米）。

当宽度取 0.5 厘米时，$h = 30$（寸）$\times 0.5$ 厘米 $\times 183 \div \pi \div 8$（寸）$=$ 114.375 厘米，约合汉尺 5 尺（合今 115.5 厘米）。

这两个计算结果还需要被修正。如前所述，能制作三尺简的竹子长度必须是"三尺"的整数倍。因此，两者都应该被修正为 6 尺（138.6 厘米）。

同理，当宽度取 0.6 厘米时，计算出的高度 h 为 6 尺。但这样会导致竹子的利用率太高，接近 100%，制作时不能有任何差错。这样的规定显然是不近人情的，所以笔者倾向于将其修正为 9 尺。我们可以将竹简宽度和竹子高度的对应关系总结为（宽度超过 1.4 厘米的较罕见，不计算，读者可自行推导）：

竹简宽 0.4~0.5 厘米，竹子高度为 6 尺（138.6 厘米）。

竹简宽 0.6~0.8 厘米，竹子高度为 9 尺（207.9 厘米）。

竹简宽 0.9~1.1 厘米，竹子高度为 12 尺（277.2 厘米）。

竹简宽 1.2~1.4 厘米，竹子高度为 15 尺（346.5 厘米）。

由此我们可以知道，官方在制作竹简时，会把竹简截成一段一段的，每一段要求制作成若干枚竹简，而不是以竹子的节或者整个竹子来要求的。

笔者注意到"百八十三"是一个特殊数字。它出现在"程"中，显然是官方标准，这个官方标准的个位数不是 0 这样的特殊数字，说明是经过严格计算的。考虑到 $183 = 3 \times 61$，我们可以进行合理推测：熟练的工匠制作三尺简时，动作应该是非常快，制作出来的竹简误差非常低，每一段三尺竹制作出来的竹简数量差不多。如果这一推测成立，那么这段竹子应该是可以分成 3 段"三尺"竹，每一段都需要制作成至少 61 枚竹简。因此，制作三尺简的官方标准最有可能是：竹简的宽度在 0.6 到 0.8 厘米，即汉尺 3 分左右（一寸等于十分），相对应的竹子的高度是 9 尺，可以分成 3 段三尺竹，每一段都需要制作成 61 枚以上竹简。这跟表 2-2 统计的竹简宽度频率相一致，因而是比较可靠的。

联系到上文所述竹节的长度，我们可以认为，古人在制作竹简时，分别将毛竹的第 1~10 节、第 11~16 节、第 17~22 节、第 23~28 节、第 29~34 节截成一个单元，进行加工制作。

还有一个问题需要考虑：我们都知道竹子越往上越细，竹子直径低于八寸的部分要怎么办？难道要全部丢弃吗？事实可能并非如此。本算题的规定为各种情况都留下了灵活的操作空间：当竹简宽度为 0.6 厘米时，理论上说，只需要使用其中的四尺就可以了，利用率为 6 尺÷9 尺=67%，利用率很低，有 33% 的调整空间。我们可以用类似的方法计算出如下的竹子利用率：竹简宽 0.7 厘米，利用率为 77.8%。竹简宽 0.8 厘米，利用率为 88.9%。

可见，"程"中规定的值，为竹简的制作预留了足够的调整空间。这样一来，就可以在竹子变细时，也依然能做出符合要求的三尺简。

四、竹简划痕

目前所知，竹简划痕问题，最早由包山楚简的整理者在 1991 年提出，经孙沛阳先生在《简册背划线初探》一文的深入研究而广为人知。孙先生通过研究包山楚简、清华简（一）、岳麓秦简《质日》等出土竹简，得出若干重要结论："简册背划线可分为两大类，一种是刻线，一种是墨线。刻线的情况常见……简册背有墨线的情况较少……当然，也有一些简册没有背划线……简册背划线绝大部分都是自左起，向右下斜行，这是一个规律……简册背划线的形态可能还会有'W'字形、'V'字形等模式……简册背划线应该与简册的编联有关……简册背划线都形成于编联之前……'书写—划线—编联'与'划线—书写—编联'两种情况都可能存在……在今天整理竹简的工作中，应该可以利用简册背划线来尝试调整局部简序，或者检验编联的正确与否……虽然简册背划线有提示简序的作用，但只是辅助性的，不可以孤立运用。"①

竹简划痕是进行竹简编联的重要参考。学界探讨较多的是划痕和竹简编联、书写的前后问题。本书想探讨的问题是划痕和竹简制作的前后问题，即划痕是什么时候刻上去的？是还没有制作竹简的时候，就先在竹简上刻出划痕，再制作竹简，还是先把竹简制作成竹简，再刻划痕？由孙沛阳先生的研究，我们可以知道，简背划痕一般都是不闭合的，这意味着：如果是前者，那么一条划痕将涵盖该竹简制作出的所有的竹简（当然，如果是孙先生所说的"V字形"，那么一条划痕可以只涵盖一半的竹简）；后者则无此限制。这就是我们进行判断的基础。

我们知道，一段直径八寸、长三尺的毛竹的圆周长为 π×8（寸），它能制作三尺简的数量为 π×8（寸）÷竹简宽度。我们只需要将这个数据和划痕涵盖的竹简数量进行对比，就能很容易地得出结论。

为了弄清这个问题，我们需要统计一条划痕涵盖多少枚竹简。孙沛阳、贾连翔两位先生均有过相关的统计工作。我们将这些统计结果进行罗列，见表2-3。

---

① 孙沛阳. 简册背划线初探［J］. 出土文献与古文字研究, 2011: 449-462.

表 2-3 划痕涵盖的竹简枚数

简牍名称	竹简宽度	一条划痕涵盖多少枚竹简	来源
《岳麓书院藏秦简》（一）《二十七年质日》	0.5~0.8 厘米	14、23 两种	孙
《岳麓书院藏秦简》（一）《三十四年质日》	0.5~0.8 厘米	7、23、33 三种	孙
《岳麓书院藏秦简》（一）《三十五年质日》	0.5~0.8 厘米	16、27 两种	孙
清华简《尹至》+《尹诰》	0.6 厘米	3、8 两种	孙
清华简《程寤》	0.7 厘米	11	孙
清华简《耆夜》	0.6 厘米	2、4、6 三种	孙
清华简《金滕》	0.6 厘米	25	孙
清华简《皇门》	0.5 厘米	4、7、8 三种	孙
清华简（前三辑）	0.5~0.7 厘米	2~26	贾

注："孙"指孙沛阳：《简册背划线初探》，《出土文献与古文字研究》（第四辑），2011 年，第 449—462 页。"贾"指贾连翔：《战国竹书形制及其相关问题研究》，上海：中西书局，2015 年，第 85—87 页。

下面，我们分别计算"程竹"算题的竹子能够制作多少枚上述简牍：

（1）《岳麓书院藏秦简》（一）《二十七年质日》：最少可以制作 π×8（寸）÷0.8 厘米＝π×8×2.31 厘米÷0.8 厘米≈72.57 枚，最多可以制作 π×8（寸）÷0.5 厘米＝π×8×2.31 厘米÷0.5 厘米≈116.1 枚。我们对结果只取整数，答案是可以制作 72~116 枚此类竹简。

（2）同理可知，《岳麓书院藏秦简》（一）《三十四年质日》和《岳麓书院藏秦简》（一）《三十五年质日》也对应 72~116 枚。清华简对应制作 82~116 枚。

如果是还没有制作竹简的时候，就先在竹筒上刻出划痕，那么《岳麓书院藏秦简》的一条背划线应该涵盖 72~116 枚竹简，实际上却只涵盖 7~33 枚，两者相差太大。清华简也有类似的问题。对此，我们可以有两种解释：

（1）先把竹筒制作成竹简，再刻划痕，因此背划线没有涵盖完整的一段竹筒。

（2）还没有制作竹简的时候，就先在竹筒上刻出划痕，不过竹简制作好了以后，被分别用来编制成不同的简册。我们认为，这种可能性并不大。理由是：简背划痕制作好了以后，再人为地大幅度调整，是有违制作简背划痕初衷的；同一根竹筒制作出来的简牍数量，完全能够写下《岳麓书院藏秦简》（一）《三十四年质日》、清华简《耆夜》《皇门》等的内容，但它们却将连贯的内容，写在具有三条不同背划线的竹简上，这也说明竹简上没有划痕。

因此，我们不同意贾连翔先生"简背的划痕现象在'竹筒形态'时已然形成"[①] 的观点，而认为划痕是制作成为竹简以后，才刻上去的。贾先生的证据之一，是将这些简牍合起来，能够形成一条曲线。我们认为，并且亲测，将竹筒制作成竹简后再画线，也有类似效果。因此这一依据并不成立。贾先生的另一个证据是，少数背划线有被破坏的痕迹。这确实是贾先生的一条比较有力的证据。如何回答这一问题，我们还需要继续思考。

五、其他

测量人员又是如何进行测量的呢？很显然，先把竹子砍倒，再测量直径的做法并不可取，太过烦琐（而且，万一砍倒以后发现不够八寸呢？）。实际上的测量方法，应该是测量竹子的周长（假设 C 为周长，R

[①]　贾连翔. 战国竹书形制及其相关问题研究 [M]. 上海：中西书局，2015：100.

为直径）：

$$C = \pi R = 3 \times 8 \ （寸） = 24 \ （寸） = 2 \ 尺 \ 4 \ 寸 \ （合今 55.44 \ 厘米）$$

也就是说，测量人员只要拿着测量工具，测量竹子的周长是否是 2 尺 4 寸即可。那么，测量员又该从何处开始测量呢？今天的人们，买卖树木的时候，都是选择一定高度为起点，由此起点测量树围。我们怀疑古人可能也是这样的，只是缺少证据，不敢断定。

第二节　《算数书》第 120~125 简缀合札记

自张家山汉简《算数书》全文公布以来①，学术界对简文进行了大量的研究工作。到目前为止，绝大部分算题都已得到准确解读。但是第 120 至 125 简残缺较多，导致解读困难。笔者试图对这些简进行缀合、补正和再释读。为叙述方便起见，先将相关的第 117、118、120 至 125 简罗列如下：

米粟并　有米一石、粟一石，并提之，问米粟当各取几何。曰：米主取一石二斗十六分斗八，粟主取七斗十六分斗八。术（117）曰：直米十斗、六斗并以为法，以二石扁乘所直各自为实。六斗者，粟之米数也。（118）

☐☐☐☐得几何。曰：粟☐☐☐☐卅☐☐☐米☐（120）

☐☐☐☐☐☐☐☐☐☐☐☐得几何？得曰：米六升四分升之一。术曰：直米五升（121）

粟五升，粟五升为米三升，并米五升者八以为法，乃更直

---

① 江陵张家山汉简整理小组. 江陵张家山汉简《算数书》释文 [J]. 文物, 2000 (9): 78-84. 下文提到的简文内容均出于此，不再单独指出。

五升而十之，令如法粟米各一升。（122）

　　▢▢▢二斗五升，其术曰：直米粟，五米三粟（123）

　　▢并以为法▢▢米粟各乘之为实，实如法而成一。（124）

　　▢石五十有▢（125）

　　郭世荣先生最早注意到第 121 和 122 简可以缀合，理由是两者缀合以后可以读通①。这种看法是正确的。不过，郭先生补充的文字存在错误。郭先生认为，第 121 和 122 简缀合后的内容应该是：

　　米一粟一并提，合粟米精之为一斗，问粟米当各取几何？
　　得曰：［粟三升四分升之三］，米六升四分升之一。术曰：直米五升，粟五升，粟五升为米三升，并米五升者八以为法，乃更直［三升］、五升而十之，令如法粟米各一升。

　　郭先生的补文存在三个问题：第一，最严重的问题是"精之"二字有误。"精之"出自"粟米并"算题，其内容为："米一粟二，凡十斗，精之为七斗三分斗一。术曰：皆五，米粟并为法，五米三粟，以十斗乘之为实。"可见"精之"是指春米，将米粟变得更加精细，所以十斗米粟的混合物"精之"后仅为七斗三分斗一。本算题不涉及米粟数量减少，显然与"精之"无关。第二，原文只是问米的数量，没有问粟②，郭先生人为增加了粟的内容，对原文改动较多。将原文的"得"改为"取"也颇为不妥。第三，补文的字数超出原文 13 个缺字的

――――――――――
① 郭世荣.《算数书》勘误［J］.内蒙古师大学报（自然科学汉文版），2001（3）：276-285.
② "得曰"提供的答案中没有提到粟，"术曰"提供的计算方法中也没有提到怎么计算粟的数量，可见本算题不需要计算粟，而非抄写者出于马虎，偏偏漏掉了跟粟有关的内容。末句的"令如法粟米各一升"当是沿袭之前算题的常用说法，未做深究而导致用词不严密。不能根据这一句话就做大量改动。

限制。

产生错误的原因主要在于，缀合后的算题对应的应该是"米粟并"算题，而非郭先生所认为的"粟米并"算题。正确的补正思路是：第一，我们应注意到，缀合后的算题，各项数据均为"米粟并"算题的二十分之一，应该和"米粟并"是同一类算题，这是我们重新解读的重要依据。第二，只补充米的数量，不补充粟的数量。第三，保证补充的字数为13个左右。因此，笔者认为正确的文字表述应该是：

有米五升、粟五升，并提之，问米当得几何。得曰：米六升四分升之一。术曰：直米五升，粟五升，粟五升为米三升，并米五升者八以为法，乃更直五升而十之，令如法粟米各一升。

下面讨论第 120、123、124 三个简。笔者认为，三者属于同一算题。理由是：第一，《算数书》中算题的常见格式是："题目＋（得）曰：答案＋术曰：计算方法。"三个简连起来正好满足这种格式。第二，第 120 简的末尾是"粟□□□□卅□□□米"，后面应该接米的容量，而第 123 简的开头是"□□二斗五升"，恰恰是容量。第三，第 123 简的结尾是"直米粟，五米三粟"，恰恰可以和第 124 简的开头"并以为法"连上。因此，可以将这三个简缀合如下：

▱□□□ 得几何。曰：粟 □□□□ 卅 □□□ 米（120）
□□二斗五升，其术曰：直米粟，五米三粟（123）并以为法
▱□米粟各乘之为实，实如法而成一。（124）

可以看出，缀合后的算题是按照五米三粟的比例进行米粟合用的题

目，与"米粟并"算题的表述非常相似，应该也属于"米粟并"的范围。第124简中缺少的"米粟各乘之"的对象，应为米粟之和。第120简"米"字后面的两个缺字应该是"□石"，根据《算数书》中的数字表述习惯，其取值范围应该是"一石"至"十石""廿石""卅石""卌石""十石"（70石）、"百石""千石""万石"，即米可能为1.25石、2.25石、3.25石……10.25石、20.25石、30.25石、40.25石、70.25石、100.25石、1000.25石、10000.25石。根据米粟5：3的比例，可以得到下表所示的米粟数量：

米	1.25	2.25	3.25	4.25	5.25	6.25	7.25	8.25	9.25	10.25
粟	0.75	1.35	1.95	2.55	3.15	3.75	4.35	4.95	5.55	6.15

米	20.25	30.25	40.25	70.25	100.25	1000.25	10000.25
粟	12.15	18.15	24.15	42.15	60.15	600.15	6000.15

简文中说"粟□□□□卅□□□"，能满足"卅"这个字的只有米2.25石、粟1.35石和米7.25石、粟4.35石这两组组合，其总量分别是3.6石和12.6石。两者之中，不能确定哪一个正确。

再考虑一下第125简。该简文字残缺严重，仅剩"石五十有"四个字。它在《算数书》的其他地方都加不上，只能加入本算题。如果假定这几个字无误，那么其后的单位应该是升，而不能是斗，因为五十斗为五石，应该写到"石"字的前面。然而"五十升"又和其他简文难以拼接，因此笔者怀疑"石五十有"的释读有误，应改为形近的"石六斗，问"，应插入算题的开头。不过，笔者并不是很确定，姑且存疑。

参考"米粟并"算题的表述方式，尝试加入第125简，并采取加字最少的原则，校正后的文字应该是：

米一粟一，并提三石六斗，问（125）米粟各得几何。
曰：粟主取一石卅五升，米（120）二石二斗五升，其术曰：
直米粟，五米三粟（123）并以为法，置三石六斗，以米粟各
乘之为实，实如法而成一。（124）

或者是：

米一粟一，并提十二石六斗，问（125）米粟各得几何。
曰：粟主取四石卅五升，米（120）七石二斗五升，其术曰：
直米粟，五米三粟（123）并以为法，置十二石六斗，以米粟
各乘之为实，实如法而成一。（124）

倘若不考虑第125简，算题的开头也可改成："有米一石八斗（六
石三斗）、粟一石八斗（六石三斗），并提之，问米粟各得几何。"

需要说明的是，第120、123、124这三个简可以合在一起，组成类
似"米粟并"算题的题目，这一点问题应该不大。至于具体的数字，
则可能会受到简文释读的影响而有一定误差。算题中为何要把三斗五升
说成"卅五升"，也属疑问。因此，本书所求得的数据为依据现有条件
得到的最优解，不敢说一定如此。

第三节　张家山汉简《算数书》"靬脂"考

一、何谓"靬脂"

汉代是我国饮食文化发展史上的重要时期，奠定了中华饮食文化的基本形式。有关汉代饮食的材料，除了在传世文献中有大量记载之外，在出土文献中也包含许多相关内容。比如，张家山汉简《算数书》中，就出现了一种汉代食品"靬脂"。学者们对"靬脂"是什么食品尚未形成统一意见，笔者提出自己的见解，不当之处，敬请斧正。

为了便于叙述，先罗列相关记载如下：

> 靬脂　有米三斗（升），问用脂、米（水）各几何，为靬
> ［脂］几何。曰：用脂六斤，水二（四）升半升，为靬脂十斤
> 十二两十九朱（铢）五分朱（铢）一。为靬［脂］，米一斗，
> 水一斗半升（斗），崖脂廿斤，为靬脂卅六斤。今有俏脂五斤，
> 问用米、水为靬［脂］各几何。得曰：用米二斗（升）半升，
> 水三斗（升）四分升三，为靬［脂］九斤。术曰：以廿为法，
> 直水十五、米十、靬［脂］卅六，以五乘之为实，实如法得
> 水、米各一升、靬［脂］一斤。不盈，以法命分。其以靬
> ［脂］、米、崖［脂］亦一两，得俏［脂］十九分之五也。①

该算题是说：用 1 斗米、1.5 斗水、20 斤崖脂（也写作俏脂），可

---

① 张家山二四七号汉墓竹简整理小组. 张家山汉墓竹简二四七号墓（释文修订本）
［M］. 北京：文物出版社，2006：142-143.

以做成 36 斤"挲脂"。㡄，《算数书》的整理者认为应是"盾"字，读为"腯"，意思是猪①。金一清先生认为应读为"胜（腥）"，意思是猪②。两者的解释基本相同。因此，㡄脂应指猪体内的脂肪、肥肉。文中用的是汉代的度量衡，换算成现在的单位是：2 升米（约为 3.6 斤）、3 升水（6 斤）、10 斤猪脂，可以做成 18 斤"挲脂"。从原材料到最终的成品，有 1.6 斤损耗，这说明"挲脂"在制作的过程中，水分有一定程度的蒸发。

学者们对"挲脂"的解释大致可分为三种。《算数书》的整理者认为，"挲脂为已糅成的米膏"③。这种解释是有问题的，米膏以米为主，里面并不放猪脂，而"挲脂"的主要成分是猪脂，两者差别很大。金一清先生认为，"（挲脂）与《楚辞·招魂》'稻粢稺麦，挐黄粱些'所记载的或许是制作方法相似的食物"。这种解释也有问题，《招魂》里说的是用大米、小米、麦子、黄粱做成的食物，不含有猪脂，与"挲脂"的原材料存在很大差别。吴朝阳先生认为"（挲脂）大约近于现在的猪油糕"④。这种解释也有问题，汉代并没有猪油糕一类的食物，吴先生的推测属于以今推古，并不成立。

米做成的脂有两种可能，一是化妆品，二是食品，首先需要排除化妆品的可能性。据孙机先生在《汉代物质文化资料图说》中所言，汉代的化妆品主要有铅粉、滑石粉、胭脂、米粉四种⑤。铅粉、滑石粉的成分明显与"挲脂"不同，可以首先被排除。胭脂，孙机先生说是以

① 张家山二四七号汉墓竹简整理小组. 张家山汉墓竹简二四七号墓（释文修订本）[M]. 北京：文物出版社，2006：143.
② 金一清. 释张家山汉简《算数书》中的"腥脂"[DB/OL]. 复旦大学出土文献与古文字研究中心网站，2015-3-21.
③ 张家山二四七号汉墓竹简整理小组. 张家山汉墓竹简二四七号墓（释文修订本）[M]. 北京：文物出版社，2006：143.
④ 吴朝阳. 张家山汉简《算数书》校证及相关研究 [M]. 南京：江苏人民出版社，2014：78.
⑤ 孙机. 汉代物质文化资料图说 [M]. 北京：文物出版社，1991：262.

"红花（又名红蓝）汁合米粉制成"，这是对《齐民要术》卷五《种红蓝花、栀子第五十二》"作胭脂法"的极度简化的描述。胭脂中不含有大量猪脂，原料中还有"挈脂"所没有的红蓝花，应该也不是"挈脂"。米粉的制作工艺见于《齐民要术》卷五《种红蓝花、栀子第五十二》"作米粉法"和"作香粉法"。大致说来，米粉是以粱米或粟米为原材料，经过春米、淘洗、浸泡至发臭、磨细、搅拌、去水、塑形、揉搓等一系列工序做成的。米粉可以食用，也可以加上丁香，做成化妆用的香粉。米粉的配方中并没有大量猪脂，且"挈脂"中的脂肪太多，无法做成粉，可以排除。《齐民要术》中还有用牛髓（或牛脂）、丁香、藿香做成的"面脂"，原料和"挈脂"的区别主要是不含米，也可以排除①。所以，我们可以断定"挈脂"应该是一种食物。

要解答"挈脂"到底是汉代的什么食品，需要参考传世文献和出土资料，而非单靠根据今天的食品进行类比和猜测。东汉学者刘熙所著《释名》中，有专门的《释饮食》一篇，其中包含与饮食有关的 77 个词，对汉代饮食进行了全面总结。《周礼》《礼记》《说文解字》等书中也记载了许多食品的信息。这些记载应该是我们理解秦汉时期食品制作工艺的基础。另外，《齐民要术》所记载的食品虽然不一定全都是汉代的，但其成书年代距离汉代不远，也具有重要的借鉴价值。"挈脂"应该就在其中②。通过查阅、对比这些典籍，我们可以知道：

（1）"挈脂"不是饼，因为饼是用麦做的，原材料不同。

（2）"挈脂"不是糁，《礼记·内则》记载："糁取牛、羊、豕之肉，三如一，小切之，与稻米。稻米二，肉一，合以为饵煎之。"③ 与"挈脂"的原材料明显不同（使用的动物不同，米、肉的比例也不对，而且糁的原材料中没有大量的水）。

---

① 石声汉. 齐民要术今释［M］. 北京：中华书局，2009：465.

② 王先谦. 释名疏证补［M］. 上海：上海古籍出版社，1984：202-220.

③ 孙希旦，沈啸寰，王星贤. 礼记集解［M］. 北京：中华书局，1989：758.

（3）"挈脂"也不是腊、脯、膊、脍、分乾等，因为这些食物是用纯肉做成的，原材料没有米和水。

（4）"挈脂"不是饵或糍："溲麦屑蒸之曰饼，溲米屑蒸之曰饵。"①"挈脂"中的脂肪太多，无法做成米饼。

（5）"挈脂"不是酱。《齐民要术》记载，当时的素酱用豆子做成，肉酱不用猪肉，而且不用脂肪，无论是素酱还是肉酱，都不用米，原材料和"挈脂"相差很大②。

（6）"挈脂"不是干饭、糗、糇、汤、饴等只用米或粮食做成的食物。

排除所有的不可能选项，就只剩下一种可能——"挈脂"只能是米、猪脂、水做成的猪脂粥，理由是：猪脂粥的原材料和"挈脂"完全相同，且在煮成的过程中，会有大量的水分蒸发，正与"挈脂"做成后重量减轻相一致。再加上秦汉时期的文献中，没有别的跟"挈脂"相似的食品，通过排除法，我们可以断定"挈脂"和猪脂粥的性质相同，都是粥的一种。至于其制作工艺，则有可能和《礼记·内则》中所说的酏比较接近："取稻米，举糗溲之，小切狼臅膏，以与稻米为酏"③。糗溲，用水调面粉。狼臅膏，郑玄注为臆中膏，即狼胸腔中的脂肪。也就是说，把米磨成粉，加水调成面糊，再和切得很碎的狼胸腔中的脂肪搅拌在一起，放入水中煮熟，变成稠粥，即为酏。酏和猪脂粥的原材料基本相同，区别只是：猪脂粥里放的是猪脂，酏里放的是狼脂。不管是猪脂还是狼脂，都是动物脂肪，由此，我们可以认为，它们是性质接近的食品。《算数书》和《礼记·内则》的记载，或许可以互

---

① 王先谦. 释名疏证补 [M]. 上海：上海古籍出版社，1984：205.

② 石声汉. 齐民要术今释 [M]. 北京：中华书局，2009：739-753.

③ 孙希旦，沈啸寰，王星贤. 礼记集解 [M]. 北京：中华书局，1989：758. 彭师告知，有亲历者告诉他，狼肉味道不佳。笔者正在思考的问题是：如果狼肉味道不佳，为何古人还要用狼胸腔内的脂肪做成养老食品？恐怕还是因为当时的物质条件缺乏，可参见下文引用的彭师的《汉代人的肉食》一文 。

相补充：《算数书》仅记载了原材料的比例，制作工艺可以根据《礼记·内则》进行补充；《礼记·内则》仅记载了制作工艺，原材料的比例可以根据《算数书》进行补充。

二、"𦞅脂"与汉代的养老政策

值得注意的是，《礼记·内则》先罗列了夏、商、周三代的养老礼和不同年龄的老人可以享受的不同待遇（其中包含饮食方面的礼遇）。之后，紧接着又列出了用于养老的八种特殊食物，酏即为其中之一。这说明，"𦞅脂"很可能是秦汉时期的一种重要的养老食物。

和现代人的饮食习惯相比，"𦞅脂"中的动物脂肪严重偏多。这是因为当时的普通百姓很难吃到肉、严重缺乏油水，也和当时的养老认识有关。先秦时期的这方面的资料不少。比如，先秦人认为，老人只有吃肉才能吃饱。正因如此，《礼记·王制》才说："六十非肉不饱"[1]，《孟子·尽心章句上》也说："七十非肉不饱"[2]。然而普通百姓吃肉的机会较少，按照《孟子》的设想，比较理想的情况才是"七十者可以食肉矣"[3]。对于汉代的肉食情况，吕思勉先生有过一些基本判断。比如，在评析陈平替里社分肉之事时，吕思勉先生说："此所谓非祭祀无酒肉者也。"吕先生又据《汉书·霍光传》的郑玄注，说"此正可证汉人平时不肉食耳"[4]。对汉代人的肉食情况的研究最为全面的，当属彭卫老师的《汉代人的肉食》一文。彭老师在该文中，通过大量的传世文献、考古材料、生物学知识和古今中外学者们的研究成果，对汉代人的肉食情况得出如下判断（彭老师的文章很长，这里仅选取和本书关系较大的部分）：

---

① 孙希旦，沈啸寰，王星贤. 礼记集解［M］. 北京：中华书局，1989：383.
② 杨伯峻. 孟子译注［M］. 北京：中华书局，2005：310.
③ 杨伯峻. 孟子译注［M］. 北京：中华书局，2005：5.
④ 吕思勉. 秦汉史［M］. 北京：中国友谊出版社，2009：429.

　　对于生活在社会中下层的大多数秦汉时期的人来说，肉类食物无疑是一种奢侈食品，平日难得问津，只有在节庆、婚礼和宴客中，他们才能一饱口福。"草蔬"之食是一般百姓大多数日子的经常性食物。食肉次数大约只能以年来计算。油水缺乏可从汉代人以"搏粱齿肥"形容食物丰盛以及"市肉取肥"的诗语中得以窥见。

　　《礼记·内则》也说"庶人耆老不徒食"，"不徒食"者指吃饭时要有点肉菜佐餐，言外之意普通人中青年时不吃肉是正常的……普通百姓食肉很少则应是不争的事实。

　　汉代人惯于将动物的绝大部分内脏和血液作为食物，这与其说是喜好倒不如说是肉类匮乏的结果，以至于人们舍不得丢弃任何一点可以食用的东西；对于下水的容纳，满足了难得的口腹之欲，又刺激了对这类食物的偏好。

　　（汉代）每人每年平均只有 0.02 斤肉……经济条件尚可的人家（以平均 5 口计）每人年平均食肉量可能有 2-5 市斤。[①]

　　彭老师的论述对于笔者本段的思考，具有很大的启发意义，尤其是笔者所引的彭老师的第三段论述，几乎直接说明了为什么会有"挈脂"这种后人看起来颇觉得怪异的食物出现——正是因为没有油水吃，当时的人们才会"舍不得丢弃任何一点可以食用的东西"，才会执着于"甘肥"，以"甘肥"作为美味的代名词。"肥"，即为肥肉，或者说是，动物脂肪。这就导致饱含"甘肥"的"挈脂"、酏成为比较高级的食品。

---

① 彭卫. 汉代人的肉食［M］//中国社会科学院历史研究所学刊编委会. 中国社会科学院历史研究所学刊. 北京：商务印书馆，2011：61-136.

而且，酏的做法充分考虑到老人消化不好的问题，既保证了营养丰富，又易于消化：将米磨成粉，有利于消化；脂肪本来就容易消化，切得很碎，就更容易消化了；熬成粥，也利于消化。可见，在当时的条件下，酏是一种比较好的养老食物，所以《礼记·内则》才将酏置于养老的内容之中。从"挈脂"和酏的区别来看，狼较为难得，不像猪那样常见，狼的脂肪也没有猪那么多，相比之下，"挈脂"应该是更为可行、也更加普遍的养老食品。

《算数书》中记载的唯一一个食谱，居然很可能是养老食谱，是否能说明汉代政府对养老的重视呢？

汉代政府一向重视养老。早在汉高祖四年，天下未定，刘邦于戎马倥偬之际，就注意到养老的问题，"至栎阳，存问父老，置酒"①。汉文帝元年三月的诏书尤其值得注意："老者非帛不暖，非肉不饱。今岁首，不时使人存问长老，又无布帛酒肉之赐，将何以佐天下子孙孝养其亲？今闻吏禀当受鬻者，或以陈粟，岂称养老之意哉！具为令。"②清代学者沈家本、社科院历史所的赵凯老师均指出，这说明给老者米粟"汉初已行之"，赵凯老师还在《二年律令·傅律》中找到法律佐证。③张家山汉简的墓主人是汉初的县级官吏，正是代表政府"存问长老"的官吏之一，是养老政策的一线实施者。他使用的《算数书》里记载了"挈脂"这一养老类食物，这是否说明汉代统治者对养老、敬老的重视呢？是否说明汉初养老政策贯彻执行得彻底深入呢？《算数书》里还记载了"挈脂"制作时的各种原料的具体比例，该比例是否来自官方标准呢？墓主人是否会据此制作或者给予老者食物呢？由于资料缺乏，我们难以断言，但这种可能性是存在的。这实在是一个有趣的问

---

① 班固. 汉书［M］. 北京：中华书局，1962：45.
② 班固. 汉书［M］. 北京：中华书局，1962：113.
③ 沈家本. 历代刑法考［M］. 北京：中华书局，1985：1724. 赵凯. 西汉"受鬻法"探论［J］. 中国史研究，2007（4）：21-32.

题，可供研究汉代养老问题的学者进一步研究和思考。

"䵿脂"中添加有大量猪脂，比仅用米和水做成的烂粥要好很多，却不及文帝诏书所承诺的米、肉、酒，是介于二者之间的赏赐。文帝元年之前的"受鬻法"，所给予的是否是简单的烂粥？统治者是否会考虑到老人的实际需要，给老人带有猪脂的烂粥？甚至，统治者赏赐的养老食品，名称是不是就叫作"䵿脂"呢？我们也难以断言，但这种可能性也是存在的。

总之，本算题涉及汉代数学、汉代食品、汉代的养老政策及其实施，有可能是整部《算数书》里最有趣、最值得深入思考和研究的算题之一。这里仅为抛砖引玉，以期能引起相关学者的重视和思考。

后记：本节内容曾以《张家山汉简〈算数书〉研究二题》为名，发表于《鲁东大学学报》（哲学社会科学版）2018 年第 1 期上。发表时，未查到彭老师的《汉代人的肉食》一文，导致文章论述多有不足，甚为遗憾。

笔者博士论文答辩时，答辩专家们指出，通过排除法，难以将所有的可能性一一排除，因而，此处的分析仅仅是一家之言。此言甚是，尚待后续思考。

第四节　岳麓秦简《数》文本研究二则

一、"左置""又置""亦置""更异置"与"副置"——《数》《算数书》《九章算术》的术语规范化比较

《数》中有一道"租枲术"算题，内容如下：

租枲术曰：置舆田数。大枲也，五之；中枲也，六之；细枲也，七之。以高乘之为实。左置十五，以一束步数乘十五为法。如法一两。不盈两者，以一为廿四，乘之。如法一铢，不盈铢者，以法命分。①

这道算题本身并不复杂，其计算公式是：（枲的斤两×高）÷（15×"一束步数"）。

我们注意的是"左置十五"这四个字。肖灿先生已经指出，这是算筹的用法。问题在于：这里为什么要用一个"左"字？算筹的多种运算涉及左置——对于整数运算来说，某一个多位数根据数位的不同，需要进行左右排列；对于分数运算来说，分子、分母可能需要进行上、下、左、右摆放，以方便区分和进行运算；在计算的过程中，移位时，需要进行左右移动；等等。那么，这里的"左置十五"是什么意思？是前述情况之一吗？答案是：都不是。通过分析上下文，我们可以知道，这道算题的计算分两步：

第一步：枲的斤两×高，以所得结果为被除数。

第二步：15×"一束步数"，以所得结果为除数。

这两步是相互独立的。所谓"左置十五"，相当于数学史家所熟知的《九章算术》中的"副置十五"，指的是第二步和第一步分开计算。正因为要先算得乘数的结果，再进行除法运算，所以才要"左（副）置十五"。

我们注意到，同样的算法，《数》《算数书》《九章算术》的表述不同，可以用来进行对比研究：

春粟　禀粟一石舂之为八斗八升，当益耗粟几何？

---

①　朱汉民，陈松长. 岳麓书院藏秦简（贰）［M］. 上海：上海辞书出版社，2011：42.

曰：二斗二升十一分升八。

术曰：置所得米升数以为法，<u>又置</u>一石米粟升数，而以耗米升数乘之，如法得一升。(《算数书》)①

铜耗　铸铜一石耗七斤八两。今有铜一斤八两八朱，问耗几何？

得曰：一两十一铢百卅四分铢九十一。

术曰：置一石铢数为法，<u>亦置</u>七斤八两朱数，以一斤八两八铢者铢乘之为实，实如法一铢。(《算数书》)②

米出钱……（中略）术曰：以赢不足，令皆为米，多三分钱二；皆为黍，少一钱。下有三分，以一为三，命曰多而少三，并多而少为法，更异置二、三，以十斗各乘之，即贸其得，如法一斗。(《算数书》)③

约分　术曰：可半者半之；不可半者，<u>副置</u>分母、子之数，以少减多，更相减损，求其等也。以等数约之。(《九章算术》)④

通过上面的分析，我们可以知道，《数》中的术语"左置"容易和算筹的摆放与运算过程相混淆。同样的意思在《算数书》中的表述，就明确很多了，不管是"又置""亦置"还是"更异置"，都不会产生混淆。唯一的缺憾就是名称太多，不统一。《九章算术》中的术语"副置"和《算数书》中的三个术语意思相同，又没有别的名称，实现了

---

① 彭浩. 张家山汉简《算数书》注释［M］. 北京：科学出版社，2001：61.
② 彭浩. 张家山汉简《算数书》注释［M］. 北京：科学出版社，2001：62.
③ 彭浩. 张家山汉简《算数书》注释［M］. 北京：科学出版社，2001：98.
④ 郭书春. 九章算术新校［M］. 合肥：中国科学技术大学出版社，2014：13.

名称的统一。考虑到这三本书的成书年代，或许我们可以得到如下一条演化线索：

第一，在秦代的时候，人们用"左置"这个术语，来表示"用另外的算筹来进行新的计算"的意思（《数》）。

第二，到了秦汉之际，人们发现这个术语有问题，容易产生混淆，就决定重新命名。由于当时这个问题刚刚被发现，人们还没有形成统一的意见，所以就出现了"又置""亦置""更异置"等不同的名称（《算数书》）。

第三，到了两汉之际，人们将这些杂乱的名称统一命名为"副置"（《九章算术》）。正如郭书春先生所言，早期的算术表达存在着某些混乱的情况，这种状况经过《九章算术》的规范化处理而得到改善。这条演化线索清晰地表明了学术的传承与进步。这跟郭书春先生所说的《九章算术》对算术规范进行过统一的观点是一致的。①

需要指出的是，邬文玲老师提醒笔者，"左"或许通"佐"，那么"左置"的意思就与"副置"相同。待考。

二、"食功"解

《数》中有一道"食功之术"算题，内容为：

> 凡食功之术曰：以人数为法，以食功丈数为实，实如法得一丈。不盈丈者，因而十之，如法，人一尺；不盈尺者，因而十之，如法，人一寸；不盈寸者，以分命之。②

---

① 郭书春.《算数书》与《算经十书》比较研究［J］.自然科学史研究，2004（2）：106—120.

② 朱汉民，陈松长.岳麓书院藏秦简（贰）［M］.上海：上海辞书出版社，2011：100.

这道算题的算法很简单，只是简单的一次除法。但是，肖灿先生认为，"食功"两个字不好理解。肖灿先生解释的时候，将这两个字分开解释："食，一释为受，接受；一释为用……'食攻（功）'犹今言'用工'也。此简中，'食攻（功）'可做多种理解。例如，'食攻（功）'是享受，得到供给的（以长度计的）物资（如布匹）的量，此时'食攻（功）之术'意思是总共供应多少物资，分给若干人，计算每人分得多少的方法。又如：已知有若干（以长度计的）工作量（如要织多少布，要挖多少长的堤之类），由若干人完成，此时'食攻（功）'就是计算每个人所分得的工作量的多少……的方法。"①

肖先生提供了这么多种解释，还拿不准到底哪一个解释才是对的，反而让人产生了困扰。产生这一问题的主要原因，是肖先生把"食功"两个字给拆开解释了。实际上，不应该拆开。"食功"是古籍中比较有名的一个词语，它的有名在于它出自《孟子》：

> 彭更问曰："后车数十乘，从者数百人，以传食与诸侯，不以泰乎？"孟子曰："非其道，则一箪食不可受于人。如其道则舜受尧之天下不以为泰。子以为泰乎？"曰："否，士无事而食，不可也。"曰："子不通功易事，以羡补不足，则农有余粟，女有余布；子如通之，则梓匠轮舆皆得食于子。于此有人焉，入则孝，出则悌，守先王之道，以待后之学者，而不得食于子。子何尊梓匠轮舆，而轻为仁义者哉？"曰："梓匠轮舆，其志将以求食也。君子之为道也，其志亦将以求食与？"曰："子何以其志为哉。其有功与子，可食而食之矣。且子食志乎，食功乎？"曰："食志。"曰："有人于此，毁瓦画墁，其志将以求食也，则子食之乎？"曰："否。"曰："然

---

① 朱汉民，陈松长. 岳麓书院藏秦简（贰）[M]. 上海：上海辞书出版社，2011：100.

则子非食志也，食功也。"（《孟子·滕文公下》）

彭更是孟子的学生，曾经跟着孟子周游列国。孟子师徒数百人，不从事具体的工作，却享受较好的生活，彭更对此感到内心不安。孟子说，要想获得收入，有"食功"和"食志"两种方法。"食"读为 sì，意思是"给……饭吃"。"食功"，就是孟子所说的"有功与子，可食而食之"，即根据功劳来给予报酬，或者说，类似于按劳分配。"食志"，就是彭更说的"其志亦将以求食"，即根据劳动者的意愿来给予报酬，或者说，类似于按需分配。

明白了这一点，再来看这道算题，就很容易理解了：一群劳动者一块儿劳动，劳动结束以后，要根据劳动者的劳动量，给予报酬。本算题的算法比较简单，是一种平均分配，干多干少、干好干坏都是一个样。

第三章

数学史研究

本章包含两篇数学史方面的文章。

第一篇,《〈孙子算经〉成书年代再考察》反映了笔者对数学史学界研究方法的反思。

前辈学者对古书的真伪和成书年代等问题,进行了大量的研究工作。随着研究的深入,人们发现古书的成书往往经历了漫长的时间和复杂的过程。以往根据点滴的历史信息来判断古书成书年代的做法,基本上已经被废弃了。但这种做法在数学史学界,却一直被沿袭下来。这自然是有问题的。

试举一例:假设有一本算术书是战国时期齐国人写的,书中用的是齐国度量衡。秦王朝建立后,统一度量衡,书中旧有的齐国度量衡不能用了。请问:人们是废弃这本书,另编新书,还是将书中的度量衡改为秦朝度量衡?答案显然是后者。那么,按照当代数学史学界的研究方法,这本书是什么时候的人写的?答案是秦朝人,因为其中显示了秦朝的历史信息。

笔者不满意这种根据点滴历史信息来判断算术材料成书年代的方法。在笔者看来,这些最具有时代特征的点滴历史信息,恰恰是最容易被修改的,因而其可靠性也就大打折扣。那么,要如何判断?笔者的思路是：第一，整体判断法，即从时代整体的数学知识、数学思维来判断。第二，点滴历史信息也可以用，但是最好是从那些不容易被修改的地方看。作为这种思路的运用，笔者研究了《孙子算经》的成书年代。

前辈学者认为，《孙子算经》成书于公元400年前后。笔者的观点与此不同，笔者注意到：

（1）《数》《算数书》《九章算术》都缺少一些必要的基础知识，比如，九九乘法、算筹的四则运算方法、度量衡的换算比例等。它们为什么不写这些知识？肯定是因为别的著作写到了。而这些知识都包含在《孙子算经》里。这就说明：当时一定存在某种跟《孙子算经》非常类似的著作，甚至可能就是《孙子算经》本身。

（2）和《数》《算数书》《九章算术》相比，《孙子算经》的算法更为原始古朴。

（3）《孙子算经》的黄金重量算题来自先秦时期齐国一带。

（4）《孙子算经》包含战国之前的大数十进位法。

根据这些线索，笔者认为，《孙子算经》，或者说是其前身，或者说是某种跟《孙子算经》非常类似的作品，来源一定很早，很可能是在战国时期。当然，古书的成书很多都经历过漫长的时期和复杂的过程，其中也包含后人的某些修改。

需要强调的是，笔者针对的并不只是《孙子算经》本身，而是想以《孙子算经》的成书年代为例，来说明笔者的研究方法，正如顾颉刚先生以孟姜女故事来说明其层累说。

第二篇，《秦汉时期普通受教育者的数学水平》体现了笔者对数学史学界研究内容的反思。

数学史学界的研究对象倾向于少数数学精英，实际上数学的应用非常广泛，普通民众的数学水平和数学应用也应该是数学史的研究内容之一。该文结合传世文献和出土算术类简牍，证明秦汉时期普通受教育者的数学知识以九九乘法为主，会简单的四则运算。在此基础上，借助算筹，他们可以实现稍微复杂的整数乘除运算。岳麓秦简《数》、张家山汉简《算数书》、北大简《算数书》和《九章算术》等数学文献，不代表普通受教育者的数学水平。当需要用到更深的知识时，普通受教育者往往采用套用算题的方法，而不是深入学习。

这是彭卫老师给笔者指定的题目，笔者认为非常有价值，当然笔者的研究可能还不是很深入透彻，还需要继续努力。

第一节　《孙子算经》成书年代再考察
——基于与《数》《算数书》《九章算术》和
其他出土材料的对比研究

一、学术史回顾及研究思路

《孙子算经》是古代的《算经十书》之一，在我国数学史上占据重要地位。其作者、年代均不详。学者对此有过不少讨论。清儒朱彝尊认为其作者是孙武，阮元认为其成书于周代。由于朱、阮二人的证据较为贫乏，这里不展开论述。四库馆臣有较为细致的考证，指出《孙子算经》为北周甄鸾旧注，唐代李淳风新注，则其成书年代当不晚于甄鸾。甄鸾的生卒年难以准确定位，不过甄鸾编制的《天和历》曾于公元560年颁布实行，可以作为大致参照。

钱宝琮先生在1929年指出，《张丘建算经》自言其"荡杯"问题是在《孙子算经》的基础上进行的拓展研究。"据此可知《孙子算经》原著时代，当在《张丘建算经》之前。"张丘建的生卒年代难以确知。钱先生通过将《张丘建算经》和《魏书·食货志》进行对比，发现二者记载的租税制度相合，因而"断定《张丘建算经》的编写年代是在

466 年到 485 年之间"①。钱先生后来在《算经十书》中进一步说："我们依据书中有历史意义的点滴资料，认为《孙子算经》的原著时代是在公元 400 年前后。"② 吴文俊先生主编的《中国数学史大系》第四卷《西晋至五代》采纳了钱先生的意见，将《孙子算经》定为"南北朝传世算书"③。

　　总的来说，前辈学者的研究思路，是通过查找《孙子算经》中能够反映时代信息的零星字句，来断定其成书年代。笔者认为这种研究存在问题：第一，最严重的问题是，前辈学者所依据的"有历史意义的点滴资料"，恰恰是很不可靠、很容易在流传的过程中被后人修改的内容。我们都知道，古籍的流传情况非常复杂，经常发生后人修改前人著作的情况，比如，《史记》中有司马迁去世后的事情。算术类文献的这种情况也很普遍——算术类文献在工程计算、赋税征收等方面有强烈的实用性，往往被作为相关官吏的参考手册，这就是《算数书》出土于底层官吏之墓的原因。那些时代感较强的信息，比如某一时期的度量衡信息、赋税信息等，一旦时代发生了变化，也需要进行相应的修改。因此根据时代感较强的"有历史意义的点滴资料"，来判断算术类文献的成书年代，恐怕不是好方法。第二，这种方法的证据是零碎的，反映的是局部信息，未必能代表整体情况。因此，笔者试图采取某些新的研究方法，并试图将这些方法当成研究算术类文献成书年代的一般性方法。

　　笔者尝试采取整体的、全面的研究方法，来重新研究《孙子算经》的成书年代。核心观点有二：第一，算术类文献的算题由问题描述、答案和计算方法三部分组成，以往研究关注的是问题描述，但它们很容易被人根据时代需求而进行修改，而且这种研究容易陷入局部和细节。相

① 钱宝琮. 孙子算经考［M］//李俨，钱宝琮. 李俨钱宝琮科学史全集（卷九）. 沈阳：辽宁教育出版社，1998：95-96.
② 钱宝琮. 算经十书［M］. 北京：中华书局，1963：275.
③ 吴文俊. 中国数学史大系［M］. 北京：北京师范大学出版社，1999：40.

比之下，计算方法改起来比较麻烦，具有内容相对稳定、不容易被修改、也就更可能保留了原貌的优点，而且不同时期有不同的计算方法和计算水平，也就是说，计算方法也可以反映时代信息。因此，本研究重点转向计算方法的研究。对全部的计算方法进行研究，也就是对全书的整体研究。第二，如前所述，问题描述部分容易被修改，这些修改可以反映某道算题的最后修改时间，而不一定能反映著作主体的成书年代。那些隐蔽的、不容易被修改的、又含有时代信息的问题描述部分，才是判断成书年代的好材料。

二、通过计算方法看《孙子算经》的成书年代

（一）分数计算

《孙子算经》的算法主要是约分、分数加减法、分数的平均数计算、整数四则运算等，我们将这些算法和《数》《算数书》《九章算术》进行对比，来获得对于《孙子算经》成书年代的新认识。

1. 约分

（1）《孙子算经》有一道约分算题，其内容是：

> 今有一十八分之一十二。问约之得几何？答曰：三分之二。术曰：置十八分在下，一十二分在上。副置二位。以少减多，等数得六。为法，约之，即得。①

《孙子算经》采用的约分术，被称为更相减损法。"以少减多，等数得六"这句话比较难理解，它并不是说 $18-12=6$，而是不断地让分子、分母相减，将结果赋予两数之中的大者，这样就可以得到新的分子

---

① 郭书春，刘钝. 算经十书·孙子算经［M］. 沈阳：辽宁教育出版社，1998：9.

或分母，直至分子、分母相等为止。这个等数 6 就是最大公约数。可以说，这句话描述得非常简略，很容易产生歧义。

（2）此类算题在《算数书》《九章算术》等算术文献中，有专门名称——"约分术"。《算数书》的约分术是：

约分　约分术曰：以子除母，母亦除子，子母数交等者，即约之矣。

有曰，约分术曰：可半，半之；可令若干一，若干一。

其一术曰：以分子除母，少以母除子，子母等以为法，子母各如法而成一。

不足除者可半，半母亦半子。①

从表面上看，《算数书》提供了 4 种方法（每段都是一种单独的解决方法），但第 1 种和第 3 种都是更相减损法，只是文字表述略有差异，第 4 种是第 2 种的前半部分，实际上只有两种方法。这种混乱和重复说明抄写者并没有认真研究过这些算法，只是把它们当成可以套用的公式，需要的时候直接套用就行了。也就是说，约分有两种方法。一种是直观法，查看两个数是否有简单的公约数，比如 2。另一种是更相减损法。

（3）《九章算术》的约分术是：

约分　术曰：可半者半之；不可半者，副置分母、子之数，以少减多，更相减损，求其等也。以等数约之。②

---

① 彭浩. 张家山汉简《算数书》注释 [M]. 北京：科学出版社，2001：43.
② 郭书春. 九章算术新校 [M]. 合肥：中国科学技术大学出版社，2014：13.

《九章算术》的约分首先是看能否同时除以 2，如果不能，就采用更相减损法，来获得最大公约数。其算法和《算数书》几乎完全相同。需要注意的是，《九章算术》的描述更加准确、简要，而不是像《算数书》那样，有太多的重复。

（4）三本书约分方法的比较。

通过对比《孙子算经》和《算数书》《九章算术》，我们可以发现《孙子算经》有比较古朴的特点，表现在：

第一，没有算题名称。名称是对某一类算题的抽象总结，是较高层次的东西。《孙子算经》缺乏算题名称，说明了它的简单、原始。《算数书》《九章算术》均有算题名称——"约分术"。

第二，计算方法只有更相减损法一种，而且描述非常简略，尤其是"以少减多，等数得六"这句话，很容易让人产生误解。这说明《孙子算经》对更相减损法的总结还不到家，需要继续完善。

第三，《算数书》和《九章算术》都抽象出一般性的计算方法，对计算方法的描述，已经摆脱了具体的算题和数字。《孙子算经》没有抽象出一般性的计算方法。

通过上述分析，我们可以发现《孙子算经》计算方法的数量更少、描述更不准确，描述方式也较为原始、古朴，没有提炼出一般性的方法。因此，《孙子算经》的来源可能比《算数书》和《九章算术》更早。

2. 分数加法

（1）《孙子算经》有一道分数加法算题，内容是：

今有三分之一，五分之二，问合之得几何？答曰：一十五分之十一。术曰：置三分、五分在右方，之一、之二在左方。母互乘子，五分之二得六，三分之一得五，并之得一十一，为实。右方二母相乘，得一十五，为法。不满法，以法命之，即得。①

分数相加，第一步是要进行通分，让两个分数的分母相同，再将通分后的分子加起来。最后再考虑是否要化成带整数的分数形式。

（2）此类算题在《数》《算数书》《九章算术》等数学文献中，有专门名称——"合分术"。《数》的合分术是：

合分术曰：母乘母为法，子互乘□为实，实如法得一，不盈法，以法命之。②

文中的"□"，肖灿先生认为应该是"母"字③。这个推论是正确的。《数》的算法和《孙子算经》相同，区别是：《数》有了描述这一类问题的算法名称"合分术"；《数》已经摆脱了具体算题的束缚，抽象出一般性的方法。

（3）《算数书》的分数加法是：

合分　合分术曰：母相类，子相从。母不相类，可倍，倍；可三，三；可四，四；可五，五；可六，六；子亦辄倍，倍及三、四、五之如母。

母相类者，子相从。其不相类者，母相乘为法，母互乘子，并以为实，如法成一。

又曰：母乘母为法，子羡乘母为实，实如法而一。

其一曰：可十，十；可九，九；可八，八；可七，七；可

① 郭书春，刘钝. 算经十书·孙子算经 [M]. 沈阳：辽宁教育出版社，1998：9.
② 朱汉民，陈松长. 岳麓书院藏秦简（贰）[M]. 上海：上海辞书出版社，2011：72.
③ 朱汉民，陈松长. 岳麓书院藏秦简（贰）[M]. 上海：上海辞书出版社，2011：72.

六，六；可五，五；可四，四；可三，三；可倍，倍。母相类
止。母相类，子相从。①

《算数书》提供了四种方法（每种方法都用单独的一段表示）。第
3种方法和《孙子算经》《数》完全一样。"又曰"两个字，说明《算
数书》摘抄了别的著作。第2种方法的后半部分和第3种方法几乎完全
相同。除此之外，《算数书》还多了两种情况：两个分数的分母之间，
是2、3、4、5、6、7、8、9、10等简单倍数的情况；两个分数的分母
相同的情况。因此，《算数书》的论证更加全面一些。问题在于，《算
数书》的算法存在大量重复：方法1和方法4几乎完全相同，方法3是
方法2的主体部分。也就是说，《算数书》其实只有两类方法。这些重
复再次证明，作者没有好好检查过这些计算方法，只是进行简单的
摘抄。

（4）《九章算术》的分数加法是：

合分术曰：母互乘子，并以为实，母相乘为法，实如法而
一。不满法者，以法命之。其母同者，直相从之。②

《九章算术》的分数加法，主要是两种方法：一种和《孙子算经》
的描述相同，另一种是两个加数的分母相同的情况。和《算数书》相
比，《九章算术》虽然少了一种简单情况的描述，但是描写更加严谨，
没有重复。

（5）四本书分数加法的比较。

合分术有三种方法：第一，分数的分母相同，让分子直接相加。第

---

① 彭浩. 张家山汉简《算数书》注释［M］. 北京：科学出版社，2001：45-46.
② 郭书春. 九章算术新校［M］. 合肥：中国科学技术大学出版社，2014：13-14.

二，分母不相同，但是分母存在 2、3、4、5、6 等简单倍数的情况，将分母化解为同分母后，再相加。第三，分母乘以分母；分子乘以所有的不属于自己的分母，并且相加。

通过比较四本书的算法，我们可以发现《孙子算经》更加古朴——没有算题名，没有抽象的一般算法，只有一道具体算题的方法。这说明《孙子算经》的来源应该比《数》《算数书》和《九章算术》更早。就四者所呈现出来的样子，我们可以发现一条较为清晰的由简单到复杂的发展线索：《孙子算经》（没有算题名；没有抽象的算法描述）—《数》（有算题名；有抽象的算法描述；只有一种计算方法）—《算数书》（有算题名；有抽象的算法描述；计算方法全面，但只是简单罗列，有重复）—《九章算术》（有算题名；有抽象的算法描述；计算方法全面；算法经过整合，没有重复）。

3. 分数减法

（1）《孙子算经》有一道分数减法题，内容如下：

今有九分之八，减其五分之一。问余几何？答曰：四十五分之三十一。术曰：置九分、五分在右方，之八、之一在左方。母互乘子，五分之一得九，九分之八得四十。以少减多，余三十一，为实。母相乘得四十五，为法。不满法，以法命之，即得。①

分数相减，第一步是要进行通分，让两个分数的分母相同，然后再将分子相减。最后再考虑是否要化成带整数的分数形式。

（2）《算数书》的分数减法没有单独的名称，而是放在"出金"算题中。其内容为：

---

① 郭书春，刘钝. 算经十书·孙子算经［M］. 沈阳：辽宁教育出版社，1998：9.

出金　有金三铢九分铢五，今欲出其七分铢六，问余金几何？曰：余金二铢六十三分铢卅四。其术曰：母相乘也为法，子互乘母各自为实，以出除焉，余即余也。……

今有金七分铢之三，益之几何而为九分七？曰：益之六十三分铢廿二。术曰：母相乘为法，子互乘母各自为实。以少除多，余即益也。①

《算数书》中提供了两种计算方法，仔细辨别的话，会发现其实是同一种方法。这说明《算数书》是摘抄的，摘抄时没有进行细致区分。值得注意的是，两种摘抄都以"出金"为名，来讲解分数减法。这说明"出金"应为当时的分数减法的通用名称。原因大概是"出金"类算题的主要算法就是分数减法，而且很常见。

（3）此类算题在《九章算术》中有专门名称——"减分术"，其内容如下：

减分术曰：母互乘子，以少减多，余为实，母相乘为法，实如法而一。②

我们可以看出，《九章算术》和《算数书》《孙子算经》的计算方法完全一致，差别是两点：

第一，《孙子算经》的计算方法，是通过算题的形式表现出来的，因而显得具体、原始，不够抽象，不能成为摆脱具体算题而单独存在的通用算法。

---

① 彭浩. 张家山汉简《算数书》注释［M］. 北京：科学出版社，2001：49.
② 郭书春. 九章算术新校［M］. 合肥：中国科学技术大学出版社，2014：14.

第二,《孙子算经》没有算题名,因而无法作为分数减法这一类算题的总称。《算数书》出现了算题名,但该名称以现实生活中的实际应用"出金"为名,尚未抽取出本质内容。到了《九章算术》,算题名被进一步修正为"减分术"。这个修正无疑是非常准确的。这条线索反映了古人对分数减法认识的逐渐深入。

4. 分数的"增减分"运算

"增减分"这一名词取自《算数书》,意思是分数值的增大或缩小。

(1)《孙子算经》有一道"增减分"算题,内容是:

十分减一者,以二乘,二十除。减二者,以四乘,二十除。减三者,以六乘,二十除。减四者,以八乘,二十除。减五者,以十乘,二十除。减六者,以十二乘,二十除。减七者,以十四乘,二十除。减八者,以十六乘,二十除。减九者,以十八乘,二十除。

九分减一者,以二乘,十八除。八分减一者,以二乘,十六除。七分减一者,以二乘,十四除。六分减一者,以二乘,十二除。五分减一者,以二乘,十除。①

需要注意的是,这里的计算方法不是最简形式,而是最简形式的分子、分母都乘以 2,这么一来,就将简单的计算搞复杂了。

(2)《数》《九章算术》都没有专门的"增减分"算法。这是因为,"增减分"是分数乘除法的一种较为简单的例子,不需要单独列出。《算数书》跟"增减分"相关的算题有两道,分别是:

增减分 增分者,增其子;减分者,增其母。

---

① 郭书春,刘钝.算经十书·孙子算经 [M].沈阳:辽宁教育出版社,1998:3.

分当半者　诸分之当半者，倍其母；当少半者，三其母；当四分者，四其母；当五分者，五其母；当十、百分者，辄十、百其母，如欲所分。[①]

我们可以看出，《算数书》的计算比《孙子算经》简便很多。比如，如果要算一个数的十分之一，只需要"十……其母"即可，即将该数除以 10，而不必像《孙子算经》那样，先乘以 2，再除以 20。如果要算一个数的五分之一，只需要"五其母"，即将该数除以 5，而不必像《孙子算经》那样，先乘以 2，再除以 10。也就是说，《算数书》用的是最简单形式，计算方法比《孙子算经》好很多。而且，我们很轻易通过《算数书》的记载，给出了这类问题的一般解决形式：如果要算一个数的 M 分之一，只需要将 M 作为分母就可以了；如果要算一个数的 M 分之 N，可以先求得 M 分之一，再将分子乘以 N 就可以了。

5. 本部分小结

除了上述分析的《孙子算经》已有的几种分数运算，我们还想讨论一下《孙子算经》所没有的那些分数运算。《孙子算经》有关分数的运算只出现过分数加法、分数减法和"增减分"运算三种情况，既没有出现分数乘除法，也没有出现整数和分数之间的乘除法。与之相反，《数》《算数书》《九章算术》中都有为数不少的分数乘除法运算，就连其中的分数加减法的难度也都远超《孙子算经》。

通过有关分数计算的分析，我们可以得出如下结论：

（1）《孙子算经》中的分数计算仅涉及分数加减法运算，不涉及乘除法运算。《数》《算数书》《九章算术》中都有不少的分数乘除法运算。这显示《孙子算经》的分数运算的水平，要比《数》《算数书》《九章算术》差很多。

---

① 彭浩. 张家山汉简《算数书》注释［M］. 北京：科学出版社，2001：42.

（2）《孙子算经》的算题没有名称，《数》《算数书》《九章算术》则均有算题名称，用于总结某一类算题。

（3）《孙子算经》的算题解法只有一种，而且这一种算法尚没有脱离具体的算题，必须借助算题来进行说明。《数》《算数书》《九章算术》则均对算法进行过一般性的总结，已经可以摆脱具体的算题而存在。这表明，《数》《算数书》和《九章算术》具有更高的抽象程度。

（4）《孙子算经》的算法描述，存在着模糊不清的地方，而且多有不贴切之处，约分术尤其如此。《数》《算数书》《九章算术》的算法则更为准确。

我们知道，在没有断层的情况下，科学知识的发展规律，一般都是由简单到复杂、由模糊到准确、由具体到抽象。相比之下，《孙子算经》是较为简单的、模糊的、具体的，《数》《算数书》《九章算术》是相对复杂的、准确的、抽象的。这说明《孙子算经》的成书年代，应该早于《数》《算数书》和《九章算术》。

（二）《数》《算数书》《九章算术》需要的基础知识

我们知道，《数》《算数书》《九章算术》不是从零基础开始写的，而是假定读者具有一定的数学基础。这些基础包括：

第一，各种度量衡的换算比例。《数》《算数书》《九章算术》中涉及大量的度量衡运算，然而它们提供的度量衡的换算比例信息却很少，只是《数》中提供了较多的重量单位的换算比例。它们认为读者已经知晓这些单位之间的换算比例。《孙子算经》中恰恰有比较完备的度量衡换算比例，可以用作《数》《算数书》《九章算术》的基础。[①]

第二，九九乘法运算。《数》《算数书》《九章算术》并无九九乘法，原因是它们默认读者已经会了。九九乘法和整数的四则运算规则是孩童时期学习的东西，过于基础，不需要讲解。它们所不讲的基础知

---

① 郭书春，刘钝.算经十书·孙子算经［M］.沈阳：辽宁教育出版社，1998：1.

识——九九乘法（《数》为了教会读者在九九的基础上，掌握分数乘法，涉及 7 条九九），恰恰在《孙子算经》中出现了："九九八十一……八九七十二……一一如一。"①

第三，算筹的运算方法。算筹是当时最主要、最常见的计算工具，也是学习数学的基本工具之一。《算数书》和《九章算术》的运算，显然是以算筹为基础的。《算数书》使用算筹，最明显的例子是"铜耗"算题：

> 铜耗铸铜一石耗七斤八两。今有铜一斤八两八铢，问耗几何。得曰：一两十一铢百卅四分朱九十一。术曰：置一石铢数为法，亦置七斤八两者铢数，以一斤八两八铢者铢数乘之，如法一铢。②

依照原文，计算过程应该是：$\frac{2880 \times 584}{46080}$ 铢 $= \frac{1681920}{46080}$ 铢 $= 36\frac{1}{2}$ 铢。

然而，《算数书》的作者在计算的时候，却将"1681920"误写为"1641920"，导致出现了错误的结果。郭世荣先生指出，这是作者将算筹摆错了的结果——4 的算筹表示形式是"ⅠⅠⅠⅠ"，8 的算筹表示形式是"ㅠㅠ"，只需要将一根算筹摆错，就会导致这一错误结果。③ 郭先生的考证无疑是非常正确的。

《九章算术》的内容比《算数书》更多，算法更复杂，因而也是需要用到算筹的。我们举一个简单的例子：

---

① 郭书春，刘钝.算经十书·孙子算经 [M]. 沈阳：辽宁教育出版社，1998：3-5.
② 彭浩. 张家山汉简《算数书》注释 [M]. 北京：科学出版社，2001：62.
③ 郭世荣.《算数书》勘误 [J]. 内蒙古师大学报（自然科学汉文版），2001（3）：276-285.

开方　术曰：置积为实。<u>借一算</u>，步之，超一等。议所得，以一乘所<u>借一算</u>为法，而以除。除已，倍法为定法。其复除，折法而下。复置<u>借算</u>，步之如初。以复议一乘之，所得副以加定法，以除。以所得副从定法。复除，折下如前。若开之不尽者，为不可开，当以面命之。若实有分者，通分内子为定实，乃开之。讫，开其母，报除。若母不可开者，又以母乘定实，乃开之。讫，令如母而一。①

我们不对该算法进行详细解释，只是提醒读者注意文中出现的"借一算""借算"等词语。"借一算""借算"的意思是借一根算筹，用来定位。这就是《九章算术》的运算用到算筹的明确证据。

《算数书》和《九章算术》都用到算筹，却没有介绍算筹的运算知识，显然是因为算筹的运用是比较基础的知识，无须赘述。《孙子算经》里记载了用算筹进行整数乘法和除法的方法。②

我们想强调的是：第一，这些知识在秦汉之际的《算数书》的成书时代，肯定都已经具备了。要不然就不会有《算数书》的出现，《算数书》也不会是我们今天所看到的样子。第二，这些知识和《孙子算经》的记载相一致。这就说明：这些知识被保存在《孙子算经》或者是跟《孙子算经》极为类似的书中（可称为《孙子算经》的前身或早期版本）。因此，我们可以知道，《孙子算经》的主体部分来源一定很早，应当不晚于《数》《算数书》所在的秦汉之际。

---

① 郭书春.九章算术新校［M］.合肥：中国科学技术大学出版社，2014：125-126.
② 郭书春，刘钝.算经十书·孙子算经［M］.沈阳：辽宁教育出版社，1998：2.

三、某些隐蔽、不易修改、又含有时代信息的算题

（一）从"黄金方寸重一斤"看《孙子算经》的成书经过

《孙子算经·卷上》有一道题目，讲的是相同体积的不同物品的重量问题。其内容如下：

> 黄金方寸重一斤。白银方寸重一十四两。玉方寸重一十两。铜方寸重七两半。铅方寸重九两半。铁方寸重七两。石方寸重三两。[①]

我国古代度量衡的演变情况非常复杂。本算题由于缺乏必要的历史信息，导致我们不知道应该用什么时期的度量衡来进行推演。幸运的是，我们都知道，两个体积相同的物品，重量之比等于密度之比。因此，我们可以用文中的黄金、白银、铜、铅、铁等物质的密度之比，进行合理的推测。

黄金的密度为 19.26g/cm^3，白银的密度为 10.5 g/cm^3，因此，体积都为"方寸"的黄金和白银，重量之比应该等于 $19.26 \text{ g/cm}^3 \div 10.5 \text{ g/cm}^3 \approx 1.83$。按照文中的单位，体积都为"方寸"的黄金和白银，重量之比应该等于"一斤"："一十四两"。也就是说，"一斤"："一十四两" ≈ 1.83。那么，这里的"一斤"是多少呢？是不是古代常用的"十六两为一斤"？答案是否定的，原因是 $16 \div 14 \approx 1.14$，跟 1.83 相差太大。显然这里的"一斤"，应该有别的解释。

先秦、秦时的黄金单位，除了"斤"，还有"镒"（又写为"益""溢"）。《史记·平准书》记载，汉代建立以后，曾经有过货币改革：

---

① 郭书春，刘钝. 算经十书·孙子算经 [M]. 沈阳：辽宁教育出版社，1998：2.

"为秦钱重难用，更令民铸钱，一黄金一斤"。臣瓒说，黄金改革的内容是"秦以一镒为一金，汉以一斤为一金"。[①] 也就是说，秦代的黄金重量以"镒"为单位，从汉代开始，黄金不再以"镒"为单位，而以"斤"为单位。很显然，这里解释不通的"斤"字，应该是由"镒"字更改而来。"镒"的重量记载有二十两、二十四两两种说法。将它们代入本算题，可得：$20 \div 14 \approx 1.43$，$24 \div 14 \approx 1.71$。"二十两"的说法跟本算题的误差较大，"二十四两"和本算题较为吻合。因此，本算题的一"斤"黄金应为"二十四两"。我们可以通过这一信息，推断本算题的成书时代和地域。

丘光明先生认为秦代、楚国、赵国的一斤相当于十六两，燕国的一斤相当于十两，卫国的一"镒"相当于二十四两。[②] 黄锡全先生通过考察楚地的出土文献、出土砝码，认为楚国的一"镒"为十六两，和"斤"相同[③]。石俊志先生通过出土文物证明，战国时期不同地域的一"镒"黄金的重量是不一样的——楚国相当于十六两，魏国相当于二十两，齐国和卫国相当于二十四两。[④] 李零先生通过分析山东临淄出土的商王墓地的耳杯，得出结论："齐国的'镒'是二十四两"。[⑤] 胡传耸先生通过分析出土文物中的"镒"，认为秦国少用"镒"，而多用"斤"；楚国的一"镒"相当于十六两；三晋和卫国一"镒"相当于二十两；齐国的一"镒"相当于二十四两。[⑥] 以上诸位先生通过考古证据，来证明战国时期的"镒"的重量，结论有很强的说服力。学者们对卫国的"镒"和两的关系，有争议：丘光明先生、石俊志先生认为，卫国的一

① 司马迁. 史记 [M]. 北京：中华书局，1982：1417-1418.
② 丘光明. 试论战国衡制 [J]. 考古，1982（5）：516-527.
③ 黄锡全. 试说楚国黄金货币称量单位"半镒"[J]. 江汉考古，2000（1）：56-62.
④ 石俊志. 试论战国秦汉黄金衡制的演变 [J]. 中国钱币，2007（4）：19-25.
⑤ 李零. 论西辛战国墓裂瓣纹银豆——兼谈我国出土的类似器物 [J]. 文物，2014（9）：58-71.
⑥ 胡传耸. 关于重量单位"镒"的几点认识 [J]. 北方文物，2017（2）：38-41.

"镒"相当于二十四两,胡传耸先生认为相当于二十两。不过,学者们对齐国的一"镒"相当于二十四两这一点,并无争议。考虑到卫国距离齐国较近,我们可以称之为齐国周边地区。由此可知,一"镒"相当于二十四两为齐国一带的特征。

因此,本算题应成书于先秦时期的齐国一带。后来,随着"镒"这一黄金单位被废除,人们为了让本算题满足现实生活的需要,就将"镒"改为"斤",但是改的时候没有注意到齐国的"镒"和秦国的"斤"存在重量差距,这道算题就有了经不起推敲的地方。这说明古书的传抄情况是比较复杂的,存世的古书既可能保存了它成书时的实际材料,又可能在流传的过程中遭到后人的修改。我们不能仅仅因为它们曾被后人修改,就将它们的成书年代往后推延。

(二)从大数进位看《孙子算经》的成书时代

《孙子算经》有一段描述大数进位的文字,内容如下:

> 量之所起,起于粟。六粟为一圭,十圭为一撮,十撮为一抄,十抄为一勺,十勺为一合,十合为一升,十升为一斗,十斗为一斛,十斛得六千万粟。所以得知者,六粟为一圭,十圭六十粟为一撮,十撮六百粟为一抄,十抄六千粟为一勺,十勺六万粟为一合,十合六十万粟为一升,十升六百万粟为一斗,十斗六千万粟为一斛,十斛六亿粟,百斛六兆粟,千斛六京粟,万斛六陔粟,十万斛六秭粟,百万斛六穰粟,千万斛六沟粟,万万斛为一亿斛六涧粟,十亿斛六正粟,百亿斛六载粟。
>
> 凡大数之法,万万曰亿,万万亿曰兆,万万兆曰京,万万京曰陔,万万陔曰秭,万万秭曰穰,万万穰曰沟,万万沟曰涧,万万涧曰正,万万正曰载。[①]

———————————

① 郭书春,刘钝. 算经十书·孙子算经 [M]. 沈阳:辽宁教育出版社,1998:1.

钱宝琮先生敏锐地发现，这里的大数（亿、兆、京、垓、秭、穰、沟、涧、正、载）的进位有两种，一种为十进位（第一段），一种为万进位（第二段）。前者"皆以十进（位），与《诗经·周颂·丰年》'万亿及秭'，《毛传》'数万至万曰亿，数亿至万曰秭'大数进法正同"。后者则"显有后人增窜之证"①。笔者认为，钱宝琮先生的论断是非常正确的。如果我们可以进一步考证大数十进位是何时出现及消失的，今日常见的万进位是何时出现的，就可能弄明白第一段文字产生的大致时间。

钱宝琮先生说："大数进法，在秦以前早有万、亿、兆、京、垓等名目，都从十进……汉以后人改从万进"②。钱先生此言基本属实，只是万进位的出现比钱先生所认定的"汉以后"要早很多。万进位的材料，最早可以上溯到《左传》：

> 卜偃曰："毕万之后必大。万，盈数也。魏，大名也……天子曰兆民，诸侯曰万民。今名之大，以从盈数，其必有众。"初，毕万筮仕于晋，遇屯。辛廖占之，曰："吉……公侯之卦也。公侯之子孙必复其始。"（《左传·闵公元年》）

"万"为什么会是"盈数"？唐孔颖达《左传正义》注释说："以算法从一至万，每十则改名，至万以后称一万，十万，百万，千万，万万始名亿，从是以往，皆以万为极。是至万则数满也。"③孔颖达所言甚是。倘若万、亿、兆之间是十进位的，而不是万进位的，万便不会成

---

① 钱宝琮.孙子算经考［M］//李俨，钱宝琮.李俨钱宝琮科学史全集（卷九）.沈阳：辽宁教育出版社，1998：96.

② 钱宝琮.中国数学史［M］.北京：科学出版社，1963：101.

③ 阮元.十三经注疏［M］.北京：中华书局，2009：3877.

为"盈数"。只是这段材料的时间需要考察。一般认为,《左传》的作者是春秋左丘明,杨伯峻先生认为:"《左氏传》成于战国时,本是用战国时文字写的。"① 我们知道,《左传》只记载灵验的占卜,以显示王侯将相确实有种。上述材料显然也是成于战国时,更明确地说,是成于三家分晋(公元前453年)以后。甚至有可能是魏国建立前后,为神化其由来而虚构出来的故事。因此我们认为,万进位的产生当在战国时期,时间比钱宝琮先生所说的汉代要早。战国之前,人们很少用到十万以上的计量单位,所以十进制就已经可以满足需求了。战国是一个大变革的时代,生产力发展,人口急剧增加,国家控制资源的增多等,都要求大数的计量单位从十进位变成万进位,从而可以更好地满足实际需求。如此,《孙子算经》中的十进位算题当来源甚早,很可能是战国以前的材料。

四、《孙子算经》中混入的后代信息

毋庸讳言,《孙子算经》也有一些时代较晚的信息。

四库馆臣已经发现,《隋书》在论述度量衡的时候,引用过《孙子算经》,内容却和今本《孙子算经》有所不同。这本是考察《孙子算经》被修改年代的好材料,可惜的是,四库馆臣以"盖古书传本不一,校订之儒各有据证,无妨参差互见也"为由,给忽略掉了。我们认为,数学材料,尤其是其中的度量衡信息和各种官方标准,跟社会生产的关系较为密切,有可能需要指导社会实践,因而会被不同时代的人们根据时代变化,进行必要的修改,从而会打上时代的烙印。与之相反的是,由于史书脱离社会生产,被修改的概率更低,因而史书引述的这些材料,可能会较好地保存了书籍的原貌。通过两相对比,我们就可以了解这些数学材料的原貌和修改情况。钱宝琮先生指出,这些度量衡的信息

---

① 《文史知识》编辑部. 经书浅谈 [M]. 北京:中华书局,1984:80.

"与唐代田曹、仓曹之制相同"①。可见，今本《孙子算经》可能经过唐代人修改。

《孙子算经》卷下有一道距离例题，也包含着历史信息：

> 今有长安、洛阳相去九百里。车轮一帀一丈八尺。欲自洛阳至长安，问轮帀几何？答曰：九万帀。术曰：置九百里，以三百步乘之，得二十七万步。又以六尺乘之，得一百六十二万尺。以车轮一丈八尺为法。除之，即得。②

我们知道，长安是汉高祖时期才修建的，之前并无长安之名。也就是说，本算题应该是在汉高祖之后形成的。

《孙子算经》卷下有一道佛经例题，也包含着历史信息：

> 今有佛书凡二十九章，章六十三字。问字几何？答曰：一千八百二十七。术曰：置二十九章，以六十三字乘之，即得。③

这道题很简单，实质上是求 $29 \times 63 = ?$ 但"佛书"二字提示我们，该算题产生于汉译佛经出现之后。一般认为，最早的汉译佛经为《四十二章经》，据汤用彤先生考证："东汉时本经之已出世，盖无可疑。"④那么，本算题应该出现在东汉《四十二章经》译出之后。跟本算题佛书字数最为接近的，大概是 1858 字的《阿弥陀经》，相差仅为 31 字。

---

① 钱宝琮. 孙子算经考 [M] //李俨，钱宝琮. 李俨钱宝琮科学史全集（卷九）. 沈阳：辽宁教育出版社，1998：95.

② 郭书春，刘钝. 算经十书·孙子算经 [M]. 沈阳：辽宁教育出版社，1998：24.

③ 郭书春，刘钝. 算经十书·孙子算经 [M]. 沈阳：辽宁教育出版社，1998：18.

④ 汤用彤. 汉魏两晋南北朝佛教史 [M]. 武汉：武汉大学出版社，2008：24.

但《阿弥陀经》并不分章，而且真正的佛经不可能如此整齐，每一章都是"六十三字"，这是本题脱离实际的地方。

五、结语

通过上面的分析，我们可以知道：《孙子算经》的算题整体看来，出现的时间很早。主要证据是：

（1）书中记载的黄金重量算题，来自先秦时期齐国及其附近地区。

（2）《孙子算经》包含了战国之前的大数十进位法。

（3）《孙子算经》的算法和秦代的《数》、秦汉之际的《算数书》、两汉之际的《九章算术》相比，更为原始、古朴——《孙子算经》的算题没有名称；算题的解法只有一种，而且这一种算法尚没有脱离具体的算题和数据而存在，必须借助算题和数据来进行说明；算法描述存在着模糊不清甚至不对的地方。《数》《算数书》《九章算术》则给很大一部分算题增加了名称，用于总结某一类算题；均对算法进行过一般性的总结，已经可以摆脱具体的算题和数据而存在，因而具有更高的抽象程度；算法则更为准确。

（4）《孙子算经》包含了《数》《算数书》《九章算术》所需要的九九乘法、算筹的四则运算、各种度量衡的换算比例等各种基础知识。这些基础知识的来源必定很早。

将这些证据集中起来，我们就会得出结论：就算《孙子算经》出现得不够早，它的原型、它所蕴含的数学知识，也应该出现很早，早于秦代的《数》和秦汉之际的《算数书》。这是《孙子算经》一书的主要部分。所以，我们将《孙子算经》（或者说它的原型）断定为战国时期初步成书。

当然，反面的例子也有一些，比如出现了汉高祖以后才有的"长安"这个地名，出现了东汉以后才传入中国的"佛书"，出现了亿以上的万进位法，出现了唐代的度量规则等。这表明《孙子算经》在流传的过程中，不断被后人根据时代的变化，进行修改与添加。这两部分来源结合起来，就成了我们今天所看到的《孙子算经》。

第二节　秦汉时期普通受教育者的数学水平

本节想要探讨的问题是：在秦汉时期，普通受教育者的数学水平是什么样的？《数》《算数书》《算表》等出土数学文献，是否反映了普通受教育者的数学水平？这里说的普通受教育者，是指受过基础教育的人，并非文盲，也并非专业研习数学的学者。考虑到秦汉时期受教育者的比例不会很高，这里所说的普通受教育者，在人口中的比例也不会很高，但却会是所有受教育者中的大多数。

一、秦汉时期普通受教育者的数学知识推测

学校教育，是普通受教育者获得数学知识的最重要的途径，可以在很大程度上体现大多数普通受教育者的数学水平。因此，要解答这个问题，我们首先需要了解秦汉普通受教育者的数学教育。

（一）西汉中后期到东汉的数学教育

研究汉代教育史的学者们普遍注意到，《四民月令》对汉代普通受教育者所学知识有较为详细的介绍，其文为：

（正月）农事未起，命成童（本注：谓十五以上至二十）以上入大学，学五经；师法求备，勿读书传。砚冻释，命幼童（本注：谓十岁以上至十四）入小学，学篇章（本注：谓《六甲》《九九》《急就》《三仓》之属）。

（八月）暑小退，命幼童入小学，如正月焉。

（十月）农事毕，命成童以上入大学，如正月焉。

（十一月）研水冻，命幼童读《孝经》《论语》、篇章、小学。①

从中可以看出，当时的教育分为"大学"和"小学"两种。"大学"学的是五经，为儒家经典，不包含数学。"小学"学的是《六甲》《九九》《急就篇》《三仓》《论语》《孝经》等，其中包含数学——《九九》。这就应该是当时数学教育的主要内容。

九九是先秦秦汉时期较为常见的概念，又称九九数、九九之数、九九之术、九九歌等，即今日的九九乘法表（顺序与今日的九九乘法表相反，且缺少跟1有关的9条）。由于乘法是以加法为基础的，因而学会九九的人，应该也会简单的整数四则运算。九九在当时有两个特征：基础，重要。先说九九的基础地位。《韩诗外传》《说苑》等文献都曾记载，齐桓公曾经广泛招募人才，齐国有一位"东野"边鄙之人，以九九求见。"东野"一词，值得注意。齐国西边与鲁国接壤，中间为首都，均属于经济、文化较为发达的地区，唯有东部较为落后。这应该就是古人喜欢用"东野""齐东野语"之类的词，来形容粗俗之人的原因。所以，这位"东野"边鄙之人，实际上代表了齐国落后地区的小有知识之人，所学较为浅薄。齐桓公当然知道这一点，直接指出九九是非常基础的知识，不足以被接见，边鄙之人也自认为"夫九九，薄能耳"②。这和《四民月令》的记载也是一致的：九九是幼童所学，受过

---

① 崔寔, 石声汉. 四民月令校注 [M]. 北京: 中华书局, 1965: 9, 60, 68, 71. 十一月的记载原为"研水冻，命幼童读《孝经》《论语》篇章，入小学"。据张政烺先生《六书古义》一文的考证进行修正，见张政烺. 张政烺文史论集 [M]. 北京: 中华书局, 2004: 218-219.
② 韩婴, 许维遹. 韩诗外传集释 [M]. 北京: 中华书局, 1980: 100-101. 亦见于刘向, 向宗鲁. 说苑校证 [M]. 北京: 中华书局, 1987: 187-188.

一定教育的人都会，所以被认为"薄能"，不能被称为人才。从另一方面来说，九九又很重要。比如，《管子·轻重篇》称："伏羲……作九九之数以合天道，而天下化之。"①《周髀算经》称："数之法出于圆方，圆出于方，方出于矩，矩出于九九八十一。"② 九九被推崇到"合天道"、算数起源的高度，这是因为九九是进行筹算的基础，是整个数学的基础，也是因为当时算数和术数联系非常紧密，是究天人之际的基础知识。考虑到当时的人们的精神信仰，后者恐怕是更为重要的。

《四民月令》反映的显然是西汉中后期尊儒以后的情况。秦、西汉前期并不会以《孝经》《论语》、五经等儒家经典为学习的主要内容。那么，这段记载能否说明秦、西汉前期甚至秦朝、战国时期的情况呢？我们认为，不管朝廷是以法家思想、黄老思想还是儒家思想作为官方指导思想，识字、识数这种最基础、又和官方指导思想没有冲突的教育，应该不会有本质上的变化。也就是说，《四民月令》中记载的识字和九九教育，很可能是贯穿整个秦汉时期的。当然，我们还需要更多的证据，来进一步证明这一点。

（二）秦汉数学文献中体现的数学教育

出土秦汉简牍中多有九九简，学者们已经有过不少论述。值得注意的是，这其中体现了通过自学获得数学知识的情况。邢义田先生指出，汉代西北竹简里有不少关于九九乘法表的习字简，这表明史卒们"能书、知计算和知律令的能力并不是担任这些职务以前就必然具备，而是在担任职务的过程里逐渐学会的"。而九九乘法表"无疑是最基本的……算书"③。这说明对于秦汉时期的普通受教育者来说，九九乘法表是数学自学的主要内容。

① 黎翔凤, 梁运华. 管子校注 [M]. 北京：中华书局, 2004：1507.
② 赵爽, 李淳风. 周髀算经 [M]. 北京：中华书局, 1985：1-2.
③ 邢义田. 治国安邦：法制、行政与军事 [M]. 北京：中华书局, 2011：585, 587.

我们通过分析反映了秦汉之际数学成就的《数》《算数书》等出土文献的内容，也可以得出同样的结论。比如，"《算数书》是一部数学问题集"①，看似奇怪的是，这部问题集却不是以问题开头的，而是以简单的分数乘法和整数乘法开始：

相乘　寸而乘寸，寸也；乘尺，十分尺一也；乘十尺，一尺也；乘百尺，十尺也；乘千尺，百尺也。半【分寸】乘尺，廿分尺一也；三分寸乘尺，卅分尺一也；四分寸乘尺，四十分尺一也；五分寸乘尺，五十分尺一也；六分寸乘尺，六十分尺一也；七分寸乘尺，七十分尺一也；八分寸乘尺，八十分尺一也。一半乘一，半也；乘半，四分一也。三分而乘一，三分一也；乘半，六分一也；乘三分，九分一也。四分而乘一，四分一也；乘半，八分一也；乘三分，十二分一也；乘四分，十六分一也。五分而乘一，五分一也；乘半，十分一也；乘三分，十五分一也；乘四分，廿分一也；乘五分，廿五分一也。乘分之术曰：母相乘为法，子相乘为实。

乘一乘十，十也；十乘千，万也；十乘万，十万也；百乘万，百万；千乘万，千万。一乘十万，十万也；十乘十万，百万。一乘百万，百万；十乘百万，千万。半乘百万，五十；半乘千，五百；半乘万，五千。②

《算数书》之所以先不讲算题，而是要讲整数、分数乘法，是因为，读者需要获得某些基础知识，才能进行相关的学习与应用。这些乘法运算没有一条是九九乘法，但又和九九具有一定的关联，难度也差不

① 彭浩.张家山汉简《算数书》注释［M］.北京：科学出版社，2001：12.
② 彭浩.张家山汉简《算数书》注释［M］.北京：科学出版社，2001：37-38.

多，这显然是因为《算数书》默认读者已经会了九九，要在九九的基础上进行一定的知识扩充——正因如此，它才写了"一乘十，十也""一乘十万，十万也"这种简单的整数乘法，却不写九九乘法；正因如此，它才会告诉读者，二分之一乘以三分之一，结果为六分之一，而不必写"二三而六"。由此可见，九九是一般受教育者都会的知识，至于九九之外的数学知识，哪怕是跟九九有关、难度也差不多，也不一定会被普通受教育者掌握。所以，《算数书》才要在九九的基础上进行知识扩充。

《数》也存在类似的情况，而且更能说明问题。由于《数》的编排次序已经被打乱，无法恢复原貌。但我们明显可以看到一些在九九基础上，进行简单引申的内容：

　　□乘三分，二三而六，六分一也；半乘半，四分一也；四分乘四分，四四十六，十六分一也；少半乘一，少半也。

　　三分乘四分，三四十二，十二分一也。三分乘三分，三三而九，九分一也；少半乘十，三又少半也；五分乘六分，五六卅，卅分之一也。

　　五分乘五分，五五廿五，廿五分一也。四分乘五分，四五廿，廿分一也。①

我们注意到，《数》中出现了九九的部分内容。但是，这些算题虽然涉及了九九，其目的却并不是为了讲九九，而是为了讲分数乘法。这段引文实际上是说：$\frac{1}{2} \times \frac{1}{3} = ?$ 读者不是学过 $2 \times 3 = 6$ 吗？在此基础上扩展一下，就会知道 $\frac{1}{2} \times \frac{1}{3} = \frac{1}{6}$。$\frac{1}{4} \times \frac{1}{4} = ?$ 读者不是学过 $4 \times 4 = 16$ 吗？

---

① 朱汉民，陈松长. 岳麓书院藏秦简（贰）［M］. 上海：上海辞书出版社，2011：74-75.

在此基础上扩展一下，就会知道，$\frac{1}{4} \times \frac{1}{4} = \frac{1}{16}$。$\frac{1}{3} \times \frac{1}{4}$、$\frac{1}{3} \times \frac{1}{3}$、$\frac{1}{5} \times \frac{1}{6}$、$\frac{1}{5} \times \frac{1}{5}$、$\frac{1}{4} \times \frac{1}{5}$ 等的情况类似，不再赘述。通过上述分析，我们可以知道：《数》虽然涉及了九九，但它的本意并不是为了讲九九，而是为了在九九的基础上，引导读者学会分子为1的最简单的分数乘法。这种教学方法无疑是非常简单有效的。这就是《数》中的九九不全的原因。这也说明，《数》的编写者默认读者已经会了九九，所以才在九九的基础上进行引申教学。

我们分析《九章算术》，也可以得出相同的结论。《九章算术》的开篇部分的前两道算题是：

今有田广十五步，从十六步。问：为田几何？答曰：一亩。

又有田广十二步，从十四步。问：为田几何？答曰：一百六十八步。（《九章算术》卷一《方田章》）

"广"即为宽度，"从"同"纵"，即为长度。汉制一亩为二百四十步（实际上应该是二百四十平方步，古人在平方单位的用词方面，有时不是很严格）。这两道算题，实际上是想告诉读者：15×16＝240，12×14＝168。这么做，是为了帮助读者在自己现有知识水平的基础上，进行简单的知识扩充，带领读者逐步深入更高的数学层次。那么，《九章算术》假定读者需要具有什么样的数学知识呢？我们注意到，《九章算术》中，并没有出现九九乘法的内容，而这两条整数运算只是比九九乘法略难一点。这也表明：《九章算术》默认读者会九九乘法和简单的四则运算——九九乘法和整数的四则运算规则是孩童时期学习的东西，过于基础，不需要讲解。

（三）本部分小结

上面的讨论，既是纵向的，也是横向的。说是纵向的，是指《数》反映的是秦代的情况，《算数书》反映的是秦、西汉初期的情况，《四民月令》反映的是西汉中期以后至东汉的情况，《九章算术》一般认为成书于两汉之交，反映了此前的情况。它们涵盖的时间范围分别是：秦代、秦和西汉前期、西汉中后期到东汉时期、东汉前，将它们连起来，恰恰是一条从秦到东汉的较为完整的时间链。说是横向的，是指得出结论的材料种类多种多样，包括传世史料、传世数学文献、出土数学文献等，这些不同的材料都指向同一个结论，那么这个结论的可信性，无疑就大大增强了。

将这些纵向的、横向的分析整合起来，我们就可以得出一个较为可靠的初步结论：秦汉时期，普通受教育者的数学教育，限于九九之类和基础的四则运算，总体来说，他们的数学知识并不复杂。这个结论和苏俊林通过分析走马楼吴简《嘉禾吏民田家莂》、仓受米牍中的数值计算，得出的结论——"孙吴时期……基层吏民的数值计算能力可能有整体偏低的倾向"[①]——基本一致（只是苏俊林的研究侧重于简牍和孙吴时期）。

二、秦汉时期普通受教育者的计算能力推测

明确了普通受教育者的数学教育，紧接着的一个问题就是：只会九九乘法和基本的整数四则运算，数学能力可以达到什么样的程度？

我们假设一个人具备以下知识：

（1）熟练背诵九九。

（2）会0到9的整数加减法。

---

① 苏俊林. 孙吴吏民的数值计算与基层社会的数学教育［M］//长沙简帛博物馆. 长沙简帛研究国际学术研讨会论文集. 上海：中西书局，2017：327–348.

（3）懂得算筹整数四则运算的基本规则。著名数学史家李俨先生在《中国算学史》一书中，对算筹有如下总结："吾国古代算数用筹，初称为策，算书多称为算。汉、唐以后则多以筹、筹算、筹策、算筹诸名互用。而宋代以后，俗称为算子。"① 算筹是当时最主要、最常见的计算工具，也是学习数学的基本工具之一。我们可以举几个例子进行说明：

第一，《道德经》第二十七章说："善数，不用筹策。"最擅长算数的人，不需要用算筹来帮助计算。可见，一般的读书人在计算的时候，还是需要用算筹来帮忙的。

第二，刘邦总结得天下的经验时，说"运筹策帷帐之中，决胜于千里之外"② 这一方面，他不如张良。"运筹"，本意即为运用算筹进行各种计算，引申为出谋划策。我们需要思考的问题是：用算筹进行计算，为何会引申为出谋划策？岂不是说明算筹广泛应用于军事、出谋划策等方面吗？可以说明同一道理的记载还有英布谋反时，夏侯婴说："臣客故楚令尹薛公者，其人有筹策之计，可问。"③ 袁盎去官之后，"袁盎虽家居，景帝时时使人问筹策"④；等等。相关记载很多，不再赘述。

第三，汉武帝时的重臣桑弘羊"以心计，年十三侍中"。颜师古注"心计"为"不用筹算"。⑤ 可见，能不用筹策就进行计算的人，是异于常人的高水平人士，可以被当作特长而受到汉武帝优待。这也说明，普通人是需要用筹策进行计算的。

下面，我们来看一下，如果一个人具备了这三种知识，他可以达到

① 李俨. 中国算学史 [M]. 上海：上海书店，1984：59.

② 司马迁. 史记 [M]. 北京：中华书局，1982：381.

③ 司马迁. 史记 [M]. 北京：中华书局，1982：2604.

④ 司马迁. 史记 [M]. 北京：中华书局，1982：2744.

⑤ 班固. 汉书 [M]. 北京：中华书局，1962：1164-1165.

什么样的数学水平。

根据《孙子算经》《夏侯阳算经》的记载，我们会发现他在整数计算方面的数学知识并不是很低，可以处理比较复杂的整数乘除法运算。我们先看整数乘法，《孙子算经》中的整数乘法运算规则是：

> 凡乘之法，重置其位。上下相观，上位有十步至十，有百步至百，有千步至千。以上命下，所得之数列于中位。言十即过，不满自如。上位乘讫者先去之。下位乘讫者则俱退之。六不积，五不只。上下相乘，至尽则已。①

这段记载其实比较简单，复杂的是为了准确定位数位而进行的移位。简单说，计算整数乘法时，要将乘数从最高位往下，不断地乘以被乘数，一直到乘完为止。假设，我们要计算 56×78，就要将乘法分解成如下步骤：

（1）5×7 = 35，5×8 = 40。我们现在计算的时候，考虑到数位，需要在后面补充若干个 0，在算筹中无须补 0，这是因为算筹中的数字位置是错开的，空格就表示 0。明白了这一点，计算就会变得特别容易。

（2）6×7 = 42，6×8 = 48。

（3）结合数位，将这些结果相加。

我们再来看整数的除法运算。《孙子算经》中的整数除法运算规则是：

> 凡除之法，与乘正异。乘得在中央，除得在上方。假令六为法，百为实。以六除百，当进之二等。令在正百下，以六除一，则法多而实少，不可除。故当退就十位。以法除实，言一

---

① 郭书春，刘钝.算经十书·孙子算经［M］.沈阳：辽宁教育出版社，1998：2.

六而折百为四十，故可除。若实多法少，自当百之，不当复
退。故或步法十者置于十位，百者置于百位（头位有空绝者，
法退二位）。余法皆如乘时。实有余者，以法命之。以法为
母，实余为子。

整数除法与今天的计算方法几乎完全一样，都是从左到右除。差别
只是算筹运算需要应用到移位。《孙子算经》认为，这是乘法计算的逆
运算，基本相同。

通过上述分析，我们可以看出，运用算筹进行的整数乘除运算都比
较简单。整数乘法实际上是整数加法和九九乘法表的混合运算；整数除
法实际上是整数减法和九九乘法表的混合运用。涉及的知识并不复杂。
因此，我们可以认为，秦汉时期普通受教育者，在算筹的帮助下，是可
以解决比较复杂的整数乘除运算的。

由此可见，秦汉时期的一名普通受教育者，只要能够熟练背诵九九
乘法表，会0到9的整数加减法，懂得算筹四则运算的基本规则，就能
进行各种各样复杂的整数四则运算。这些基本上能够满足他的日常生活
需要。

当然，正如我们在上文提过的，《算数书》《数》都是从简单的分
数计算开始的。这说明，分数计算可能并非人人都能掌握的基础知识。
这就在一定程度上限制了普通受教育者的数学水平。

三、数学知识不够用怎么办？

既然秦汉时期普通受教育者的数学知识以九九为中心，那么就会有
一个问题：这些知识够用吗？如果不够用，那要怎么办？

邢义田先生已经对此有所说明，那就是在用到的时候，再进行学
习。苏俊林师兄也说："对于基层吏民而言……算术多为自学。"我们

上文对《算数书》不记录九九乘法和整数的四则运算的分析，也说明了同样的道理。笔者认为，还有另外一种更简单的解决方法，那就是不需要自学，会套用公式就行。这种观点是受到《算数书》的启示。《算数书》并非成体系的数学著作，而是杂抄之作。笔者想到的问题是，普通受教育者是如何使用《算数书》等数学著作的？如果是当成学习的工具，那么部分自学者的数学水平可能会比较高；如果只是当成套用的工具，在现实生活中有需求的时候，进行简单的套用，那么就并不影响前面的结论。我们研究发现，《算数书》抄的时候粗枝大叶，没有进行仔细分辨。比如，同一种计算方法只是表达方式稍有差别，就会被当成两种方法。举例来说，《算数书》中的约分术为：

> 约分 约分术曰：以子除母，母亦除子，子母数交等者，即约之矣。
>
> 有（又）曰，约分术曰：可半，半之；可令若干一，若干一。
>
> 其一术曰：以分子除母，少（小）以母除子，子母等以为法，子母各如法而成一。
>
> 不足除者可半，半母亦半子。①

表面上看，《算数书》提供了4种方法，其实第1种和第3种都是更相减损法，只是文字表述略有差异，第4种只是第2种的前半部分，实际上只有两种方法。

又比如，《算数书》中的合分术为：

> 合分术曰：母相类，子相从。母不相类，可倍，倍；可

---

① 彭浩. 张家山汉简《算数书》注释［M］. 北京：科学出版社，2001：43.

三，三；可四，四；可五，五；可六，六；子亦辄倍，倍及

三、四、五之如母。

　　母相类者，子相从。其不相类者，母相乘为法，母互乘

子，并以为实，如法成一。

　　又曰：母乘母为法，子美乘母为实，实如法而一。

　　其一曰：可十，十；可九，九；可八，八；可七，七；可

六，六；可五，五；可四，四；可三，三；可倍，倍。母相类

止。母相类，子相从。①

　　《算数书》中看似提供了5种方法，其实第3种和第4种完全一样，只是文字表述有所不同，第2种和第5种也是一样的，只是第2种只说到了6，第5种却一直说到10。作者本来只需要罗列前3种，第4种前的"有（又）"、第5种前的"其一"，说明作者见到别的书上有看似不同的记载，就直接抄过来了，没有深究。

　　这些说明抄写者并没有认真研究过这些算法，只是把它当成可以套用的公式，需要的时候直接套用就行了。

　　又比如，笔者注意到《算数书》中有不少简单的数字错误。比如，"相乘"算题出现了 $\frac{1}{4} \times \frac{1}{2} = \frac{1}{30}$ 这种低级错误。比如，"狐皮"算题、"并租"算题都出现了丢失分母、只剩下分子的现象。这些错误只要计算过一遍，甚至只是仔细看一遍，就很容易发现。没有发现，说明抄写者和拥有者对算数本身不感兴趣，并没有计算过这些题目。题目的意义在于告诉读者，在实际应用的时候，如何将不同的变量套用到公式的不同地方。与之形成鲜明对比的是，《九章算术》中的算题、算法都经过大数学家刘徽的精心编制，没有这种问题。

---

　　① 彭浩. 张家山汉简《算数书》注释［M］. 北京：科学出版社，2001：45-46.

　　由此可见，在当时应该有一小部分数学水平更高的人，专门从事数学方面的研究，给需要的人提供应用公式或教材。普通受教育者只是在需要的时候，套用专家们的研究成果即可，并不需要刻意进行高精深的学习。也就是说，就算是需要用到某些超过"小学"范围的数学知识，普通受教育者也不会进行太多学习，其自学程度是非常有限的。

　　这些数学专家很可能是政府人员，尤其是天文工作者。证据在《汉书·律历志》："数者……其法在算术。宣于天下，小学是则。职在太史，羲和掌之。"① 可见太史、羲和掌管数学知识，进行专门的数学研究，并将其研究成果"宣于天下"，供普通受教育者学习和使用。普通受教育者只需要套用羲和颁布的数学公式即可，不需要懂得其原理。

---

① 班固. 汉书 [M]. 北京：中华书局，1962：956.

第四章

先秦儒家数学研究

　　本章主要讨论先秦儒家的数学水平，尤为关注荀子的数学成就。

　　荀子的学生张苍是《九章算术》的整理者，所以钱宝琮、郭书春等学者都怀疑荀子和《九章算术》存在某种关联，但是苦无直接证据，只能旁敲侧击。本章初步总结了《荀子》一书中的数学成就，即从数量词和数量关系、度量衡、数学观、数学在《荀子》中的作用等四个方面，讨论《荀子》的数学成就。指出《荀子》一书：出现整数的范围为 1 至兆（100 万）；分数以间接形式为主；非常重视数学，认为数学是制定标准、设计制度的重要手段和依据；认为数学在政治中有重要作用；反对服务于聚敛的数学；有以简御繁的数学思想；强调数据的完整性；非常重视度量衡的作用，将其上升到关系国家贫富的高度。总之，荀子的数学成就值得引起重视。

　　本章还基于与《论语》《荀子》的对比，总结《孟子》的数学成就，主要包括：同分母的分数只需要比较分子大小；有表示接近和超过的两种约数；孟子注意到客观存在的数量关系和人们主观认识的数量关系之间，存在不一致甚至完全相反的情况；孟子具备一定的计算土地面积的能力。《论语》《孟子》《荀子》都有比较突出的数学知识，三者的水平依次提高。

总的来说，笔者在这方面的研究还非常浅，刚刚开了一个头，有待后续拓展。

第一节 《孟子》的数学成就初探

孟子生活的时代，"圣王不作，诸侯放恣，处士横议，杨朱、墨翟之言盈天下"（《孟子·滕文公下》，以下所引《孟子》，仅注篇名）。为了游说诸侯，和以杨朱、墨翟为代表的诸子百家辩论，孟子必须"好辩"，也必须善辩。尤其是"墨家的缜密思想、富于逻辑头脑，还是令人惊叹的；他们在建立知识论和逻辑方面的努力，可以说超过了古代中国的任何其他学派"①。这就要求孟子的思想也有相当程度的缜密和逻辑性，才能和墨家争辩，而这恰恰和数学密切相关。学界已经关注到孔子、荀子与数学的关系②，至于孟子的数学思想，则尚未见到较好的研究成果。本书对此进行总结。总结时，注重与《论语》《荀子》进行对比研究，以窥见先秦儒家数学成就之一斑。

一、《孟子》中的数量词

据笔者统计，《孟子》一书中，直接涉及数量的字词出现 772 次，约占《孟子》总字数的 2.2%。作为一本主要讨论政治的著作，这个比例无疑是比较高的。相比而言，《论语》和《荀子》中的数量词分别出现 220、1685 次，分别占全书总字数的 1.5%、1.9%。可见《论语》《孟子》《荀子》都比较重视数字。

① 冯友兰，赵复三. 中国哲学简史 [M]. 北京：生活·读书·新知三联书店，2009：143.
② 骆承烈. 孔子与数学 [J]. 曲阜师院学报（自然科学版），1985（2）：91-95. 衣抚生.《荀子》的数学成就初探 [J]. 邯郸学院学报，2020（2）：15-20.

《孟子》中出现的整数，最小的是"一"，最大的是"亿"："商之孙子，其丽不亿。"（《离娄上》）这里的"亿"不是10000万，而是10万。然而，"亿"字仅出现过一次，从一到十、百、千、万等数则大量出现。我们由此可以知道，万及万以下的整数在当时被广泛使用。相比之下，《论语》中"万"字只出现了两次，没有出现万以上的数字，取值范围明显不如《孟子》。《荀子》中的最大整数则是"兆"（100万），比《孟子》还要大。《论语》《孟子》《荀子》中的整数取值范围逐渐增大，或许说明随着春秋至战国时期生产力的大发展，导致人们应用到的数字也随之逐渐增大。

《论语》中的分数比较简单，只是"三分天下有其二"这样暗含分数的表述，"还没有现在几分之几这样的表现形式"[①]。《荀子》也大致如此。《孟子》有一定的独特之处，比如"海内之地，方千里者九，齐集有其一。以一服八，何以异于邹敌楚哉？"（《梁惠王上》）这里出现了两个分数1/9和8/9，在比较两个数的大小时，孟子说的是"以一服八"，换成数学语言，那就是：两个分数进行比较时，如果分母相同，只需要比较分子的大小就可以了。类似的例子还有一些，比如，"天下有达尊三：爵一，齿一，德一……恶得有其一以慢其二哉？"（《公孙丑下》）天下最尊贵的东西有三样，孟子占了"齿"（年龄大）、"德"两样，是2/3，齐宣王只有"爵"这一样，是1/3。因此，孟子不认为自己比齐宣王低一等。

《孟子》中约数的表述方式，基本上和《论语》《荀子》类似。值得注意的是，《孟子》中出现了表示接近和超过的两种约数。"凶年饥岁，君之民老弱转乎沟壑，壮者散而之四方者，几千人矣。"（《梁惠王下》）"几"的意思是接近。"商之孙子，其丽不亿。"（《离娄上》）"不亿"的意思是超过十万。接近和超过两种约分形式的区分，无疑会

---

① 骆承烈. 孔子与数学［J］. 曲阜师院学报（自然科学版），1985（2）：91-95.

让约数更加精确。

《孟子》中有丰富的倍数信息。《孟子》中不只是有整数倍，还出现了分数倍的情况。"夫物之不齐，物之情也。或相倍蓰，或相什百，或相千万。"（《滕文公上》）这里出现的倍数关系是倍（2倍）、蓰（5倍）、什（10倍）、百、千、万。"故事半古之人，功必倍之，惟此时为然。"（《公孙丑上》）这里出现了半（1/2倍）和倍（2倍）两种倍数关系。

值得注意的是，孟子注意到客观存在的数量关系和人们主观认识的数量关系之间，存在不一致甚至完全相反的情况。两个数进行比较时，大的数可能被认为是小的，小的数反而可能被认为是大的。比如，方圆七十里（4900平方里）比方圆四十里（1600平方里）大。统治者如果将园囿"与民同之"，就算园囿的面积多达方圆七十里，老百姓也不会觉得大，还会"民以为小"；统治者如果将园囿据为己有，不与百姓分享，哪怕园囿的面积只有方圆四十里，老百姓还是会"民以为大"。这样就发生了客观存在的数量关系和人们的主观感受不一致的情况。比如，赵简子让王良给他的宠臣嬖奚驾驶马车，出去打猎。王良"为之范我驰驱"，按照正常程序来做，结果是一天收获了0件猎物。后来，王良"为之诡遇"，违反规定驾车，结果是一个早晨就打了10只猎物。孟子的评价是："御者且羞与射者比，比而得禽兽，虽若丘陵，弗为也。"（《滕文公下》）通过违反规定而获得的野兽，不要说是10只，就算是堆成一座小山，也不如不违反规定的空手而归。也就是说，是否遵守规定，决定了猎物的数量是否有意义。这就产生了10不如0的情况。又比如，在著名的五十步笑百步的故事中，孟子说，如果是临阵脱逃，那么逃五十步和逃一百步是一样的。五十步和一百步明明差别较大，为什么会是一样的？这是因为他们的前提是临阵脱逃。我们可以用数学语言来描述：临阵脱逃这个分母趋向于无穷大，因此分子是50还是100，并不重要，结果都等于0。由此可见，孟子考虑的不只是纯数学，还要考虑人的主观意愿对数量关系的认识的影响。

二、《孟子》中的度量衡

（一）度（长度、面积）

《孟子》中最常用的长度单位是"里"，出现了45次，最常用的面积单位是"亩"，出现了19次。这是因为，《孟子》这本书主要是孟子游说诸侯的记录。诸侯国国土面积的计量单位一般都是"里"，如"千里之国""百里之国"。孟子政治主张的重要内容是农民的土地问题，农民土地的单位一般是"亩"，如"百亩之田"。所以，"里"字和"亩"字才会在《孟子》中大量出现。

《孟子》中还出现了有关长度和面积的工具："离娄之明，公输子之巧，不以规矩，不能成方员。""圣人既竭目力焉，继之以规矩准绳，以为方员平直，不可胜用也。"（《离娄上》）"规"即圆规，"矩"即直尺，是用来画几何图形方员（圆）、测量长度的必备工具。孟子认为，这些工具的作用非常大，画出来的几何图形，比最心灵手巧的人——眼力极好的离娄、手艺最巧的公输子（鲁班）——都要好。这是对科技工具的准确认识。

孟子具备一定的计算土地面积方面的能力。"今滕，绝长补短，将五十里也，犹可以为善国。"（《公孙丑上》）孟子没有直接说滕国的领土面积，而是在进行一番"绝长补短"的计算后，说滕国的国土面积"将五十里"。这里的"五十里"，更常见的说法是"方五十里"，是先秦秦汉时期常见的土地面积计算方法，读者最熟知的名称可能是《九章算术》中所说的"方田术"。岳麓秦简《数》中的"方田术"，只有例题，没有"术"，其记载大致是如下类型的："田方十五步半步，为田一亩四分步一。"① 张家山汉简《算数书》"方田术"是已知正方形的面积，求其边长，与《九章算术》的内涵不同。《算数书》的"大广"算题与孟子所言较为接近。该算题的详情，请参见本书第一章第二节。《九章算术》的"方田术"为："今有田广十五步，从十六步。问为田几何？答曰：一亩。又有田广十二步，从十四步。问为田几何？答曰：一百六十八步。方田术曰：广从步数相乘得积步。"② 这就说明孟子熟悉"方田"类算题，有一定的计算土地面积的能力。我们还有更为直接的证据："方里而井，井九百亩，其中为公田。八家皆私百亩，同养公田。"（《滕文公上》）这里是一段经典的土地面积计算。计算的预备知识是："六尺为步，步百为亩"③，"三百步为一里"④。即：长度单位 1 里＝300 步，面积单位 1 亩＝100 平方步。因此，1 里×1 里＝300 步×300 步＝90000 平方步＝1 井，1 井＝90000 平方步÷100 平方步/亩＝900 亩。将 900 亩的中间画一个"井"字，恰好可以分成 9 份土地，每份 100 亩。我们由此可以看出，孟子具备一定的整数乘除法和土地面积计算的知识。

（二）衡（重量）

孟子说："权，然后知轻重。"（《梁惠王上》）意思是通过称重，才能知道物体的轻重，可见孟子对重量的测量及其工具有着清晰的认识。《孟子》中有几处关于粮食生产的句子，隐含粮食的重量计算："百亩之田，勿夺其时，八口之家可以无饥矣。"（《梁惠王下》）孟子在这里一定计算过百亩之田每年的粮食产量，八口之家每年需要吃多少粮食，两相对比，发现粮食生产是可以维持一家开销的。这个计算过

① 陈松长.岳麓书院藏秦简（壹—叁）释文［M］.上海：上海辞书出版社，2018：91.
② 郭书春.九章筭术译注［M］.上海：上海古籍出版社，2009：13.
③ 班固.汉书［M］.北京：中华书局，1962：1119.
④ 李淳风.孙子算经［M］.北京：中华书局，1985：1.

程，应该类似于《汉书·食货志》记载的李悝、晁错的估算①。其详情我们已经无法得知了，但我们可以在《孟子》中找到旁证："耕者之所获，一夫百亩，百亩之粪，上农夫食九人，上次食八人，中食七人，中次食六人，下食五人。"（《万章下》）孟子一定知道一个人每年需要消耗多少粮食，五类农夫（上、上次、中、中次、下）每年的粮食产量，才能分得这么细。我们还可以根据《汉书·食货志》记载的李悝所言"食，人月一石半"，大致推测当时的粮食产量。每人每月消耗 1.5 石粮食，那么每年消耗 18 石。上、上次、中、中次、下这五个等级的农夫的百亩之田的产量分别为 18×9 = 162 石，18×8 = 144 石，18×7 = 126 石，18×6 = 108 石，18×5 = 90 石。考虑到《孟子》说的百亩之田"八口之家可以无饥"，笔者倾向于认为在农夫尽力的情况下，百亩之田产量 144 石左右是正常的。

（三）量（体积）

《孟子》中涉及体积的内容不多。"布帛长短同，则贾相若；麻缕丝絮轻重同，则贾相若；五谷多寡同，则贾相若；屦大小同，则贾相若。"（《滕文公上》）这里所进行比较的内容，涉及了度——"布帛长短"，量——"五谷多寡""屦大小"，衡——"麻缕丝絮轻重"。

《孟子》中的度量衡描写，是为孟子的政治主张服务的。和孟子的政治主张关系较为密切的"里""亩"等就多写，其余的就少写。因此，《孟子》书里的度量衡的记载，并没有完全反映孟子在这方面的水平。

三、数学在《孟子》中的作用

数字、度量衡、数学在《孟子》一书中，很多时候都是被有意应

---

① 班固. 汉书 [M]. 北京：中华书局，1962：1125–1132.

用的，以服务于孟子的论辩。笔者曾总结数学在《荀子》中的作用是："叙述某一问题的准确情况或大致情况；描述事物的发展顺序或等级关系；为荀子的主张提供数据上的支持；通过数据对比，来阐明事情真相或凸显某一方面的作用；表达特殊含义。"数学在《孟子》中的作用也大致如此，为避免和有关《荀子》的论述重复太多，笔者只介绍以下三个方面的内容：

（1）为孟子的主张提供数据上的支持。比如，孟子经常说，行仁政就能无敌于天下，哪怕是小国也可以。证据就是商汤、周文王一开始都是小国国君，由于行仁政而成为天子。"臣闻七十里为政于天下者，汤是也。"（《梁惠王下》）"以德行仁者王，王不待大。汤以七十里，文王以百里。"（《公孙丑上》）孟子的时候，齐、魏这样的大诸侯国都是地方千里——长、宽都是一千里，即 100 万平方里，周文王的地盘却只是方百里，即 1 万平方里，不过是齐、魏的 1%，商汤的地盘更小，方七十里，即 4900 平方里，只是齐、魏的 0.49%。既然这么小的国家都可以成功，齐、魏这种大国实行仁政就更容易了。

（2）通过数量对比，来揭示主次矛盾，阐明事情真相。同一件事情，从不同的角度来看，可能都会找出来一些看似合理的理由，从而产生完全相反的观点。要想解决这个问题，较好的方法之一，可能是分析主要矛盾和次要矛盾，不要被次要矛盾迷惑。数字常常能非常直观地表明何者是主要矛盾，何者是次要矛盾。比如，邹穆公曾经觉得邹国的老百姓都很可恶："吾有司死者三十三人，而民莫之死也。诛之，则不可胜诛；不诛，则疾视其长上之死而不救，如之何则可也？"邹国和鲁国发生了战争，邹国有 33 名长官阵亡，老百姓却坐视不管，一个为国捐躯的都没有。邹穆公很生气，觉得老百姓太不像话了，向孟子请教惩罚老百姓的方法。对邹国这样的小国来说，33 名长官阵亡，确实是一个不小的数字。邹穆公的话看起来有道理。孟子直接用数字来反驳邹穆公的观点，分析邹国老百姓为什么不愿意为国捐躯："凶年饥岁，君之民老弱转乎沟壑，壮者散而之四方者，几千人矣。而君之仓廪实，府库充，有司莫以告，是上慢而残下也。"（《梁惠王下》）邹国君臣在国库充盈的情况下，坐视老百姓忍饥挨饿，结果是饿死了将近 1000 名老百姓。到底是谁更过分呢？是 33 名长官的生命重要，还是 1000 名老百姓的生命更重要？老百姓对邹国政府没感情，不愿意援救他们的君长，难道不是必然的吗？

（3）通过数字方面的相同，将两个不相干的事情联系在一起。这是孟子论证的重要技巧。比如，孟子喜欢说"四端"，实际上思孟学派强调的是"五行"。"案往旧造说，谓之五行……子思唱之，孟轲和之。"（《荀子·非十二子》）那么，孟子为何不说"五行"，而要说"四端"呢？这是因为孟子要强调仁义思想是人生来就有的，就像是人的肢体一样："恻隐之心，仁之端也；羞恶之心，义之端也；辞让之心，礼之端也；是非之心，智之端也。人之有四端也，犹其有四体也。"（《公孙丑上》）人人都有四肢，也就是"四体"。正是为了要和人的四肢联系起来，孟子才刻意从"五行"里面选择了仁义礼智，组成了"四端"，以与"四体"相对应。可能今人会觉得孟子的论证过于牵强，"四体"和"四端"没有任何联系。但在孟子看来，"四体"和"四端"对应的数字都是四，而且都是人所固有的，因而可以进行类比。

四、《论语》《孟子》《荀子》数学成就的比较

《论语》《孟子》《荀子》都有比较突出的数学知识，这或许可以说明先秦儒家对数学的重视。三者共同的原因可能有：第一，相传数学是周公所传，即魏晋时期的大数学家刘徽所说的"周公制礼而有九

数"①，因而受到儒家重视。第二，数学是六艺之一，在当时社会有着广泛的应用，因而受到重视。第三，数学对语言表达的精确性和量化，有很大的帮助，从而受到重视。孔子有一个特殊情况，那就是他曾经从事过专业的数学工作："孔子尝为委吏矣，曰：'会计当而已矣'"（《孟子·万章下》），孔子曾经保管仓库，做了大量的会计工作，因而对数学知识很是娴熟。

三者之间也有差别：《论语》中的数学最少，水平最低，《孟子》次之（如前所述，孟子具有计算土地面积的能力，水平较高），《荀子》的数学知识最多、数学水平最高。大数学家刘徽认为，我国古代最重要的数学著作《九章算术》是荀子的弟子张苍整理的："汉北平侯张苍……皆以善算命世，苍等因旧文之遗残，各称删补。故校其目则与古或异，而所论者多近语也。"② 研究数学史的大家钱宝琮、郭书春先生也都认为，荀子和《九章算术》存在密切联系："与荀卿思想十分类似。"③ "张苍是荀卿的学生，他的思想受到荀派儒学的极大影响，并把这种思想贯穿到《九章算术》的整理之中，是合乎历史的逻辑的。"④ 笔者通过研究《荀子》中的数学，得出相似的结论，即荀子具有高超的数学知识和数学应用能力，为先秦时期的一位大数学家。尤为特别的是，荀子主动将数学和政治统治结合起来，认为："数学是制定标准、设计制度的重要手段和依据，数学跟官吏关系密切，数学和治民关系密切，数学在富国方面有重要作用"。这些都是《论语》和《孟子》所没有的。这显示荀子在统一的前夕，试图以数学为基础，为统一王朝的统治提供一套严谨、准确、可视化的政治模式。

综上所述，《孟子》一书中有较为丰富的数学知识和数学思想，值

---

① 郭书春.九章算术新校［M］.合肥：中国科学技术大学出版社，2014：3.
② 郭书春.九章算术新校［M］.合肥：中国科学技术大学出版社，2014：3.
③ 钱宝琮.钱宝琮科学史论文选集［M］.北京：科学出版社，1983：597-607.
④ 郭书春.论中国古代数学家［M］.北京：海豚出版社，2012：20.

得引起我们的重视。

第二节　《孟子·寡人之于国也》的跨学科解读

本节以《孟子·寡人之于国也》为例，说明数学、地理、军事等跨学科的知识如何与经典的理解相结合。

《寡人之于国也》字面意思简单，相关的背景知识却很多。倘若不了解这些背景知识，就难以深刻体会该文的精彩之处。下面，我们介绍跟这篇文章有关的六个问题。

第一，梁惠王为什么觉得自己"尽心"了？

文章的一开始，梁惠王说自己对老百姓很"尽心"，一个地区受灾了，会把老百姓移到另一个地区。其实，梁惠王这么说，是有一些道理的。通过谭其骧先生主编的《中国历史地图集》第一册的"诸侯称雄形势图"①，我们可以看到：河东和河内被韩国分隔。倘若想走直线往来两地之间，就需要经过韩国，牵涉到外交交涉。更严重的问题是，魏国和韩国的关系并不好，爆发过多次战争（下文有所论述），而且魏国强大，韩国弱小，韩国害怕被魏国趁机吞并，也不敢轻易借道给魏国。如果不经过韩国，就要绕一个大圈子，长路漫漫，而且要连续通过吕梁山、太行山两大山脉，在古代的交通运输条件下，这肯定是非常困难的。因此，河内和河东之间的人员、物资传输，不管走哪条路线，都是很不容易做到的。这就是梁惠王认为自己"尽心"的深层原因。当然，在孟子看来，和梁惠王发动连年战争给老百姓带来的痛苦相比，这点小恩小惠算不得多么了不起的事情。

第二，梁惠王为什么希望邻国的老百姓跑到魏国？

---

① 谭其骧. 中国历史地图集 ［M］. 北京：中国地图出版社，1996：33-36.

根本原因是，当时的中国地广人稀，各国普遍缺少人口。据葛剑雄先生主编的《中国人口史》统计，"战国时期的人口峰值会略高于秦统一时的4000万，但不会高很多，估计在4500万之内。"① 尚不足同一地区今天人口的十分之一。《大学》里说的"有人此有土，有土此有财，有财此有用"②，有了人民，才能有土地和财物，就是这种状况的真实写照。

第三，孟子为什么评价梁惠王"王好战"？

翻开《史记》的《六国年表》和《魏世家》，我们可以发现，梁惠王时期的战争确实很多，大规模的战争主要有：梁惠王元年，韩、赵两国联合伐魏。二年，魏国分别在马陵、怀两地击败韩国和赵国，但与此同时，魏国却在涿泽被赵国击败，国君梁惠王也被围困。三年，齐国讨伐魏国，攻占观。五年，秦国在洛阴击败韩、魏联军。六年，魏国攻打宋国，攻占仪台。七年，秦国与魏国战于石门，斩首六万。九年，秦国与魏国战于少梁，俘虏魏太子。十年，魏国讨伐赵国，攻占皮牢。十四年，魏国讨伐韩国，攻占朱。十六年，魏国伐宋国。十七年，秦国与魏国战于元里，斩首七千，攻占少梁；魏国攻打赵国，围困赵国首都邯郸。十八年，魏国攻占赵国首都邯郸，引发了历史上著名的桂陵之战。十九年，诸侯联合伐魏。二十年，秦国商鞅攻取魏国固阳。三十年，魏国讨伐韩国（也有记载是赵国），引发了导致魏国霸业中落的马陵之战。三十一年，秦、赵、齐三国联合伐魏。三十二年，秦国与魏国战于岸门。三十八年，秦国在彤阴击败魏国。三十九年，魏国讨伐赵国。四十一年，秦败魏龙贾军。四十二年，秦攻占魏国的汾阴等三地；魏国攻败楚国。四十三年，秦攻占魏国的蒲阳。四十八年，楚国在襄陵击败魏国。③

梁惠王在位 52 年，有大规模战争的年份竟然多达 23 年，占 44%。由此可见，"好战"是孟子对梁惠王的精准概括。

第四，为何要"弃甲曳兵而走"？

丢掉铠甲，很容易理解：铠甲太重，逃跑的时候，丢掉了可以减轻重量，可以增加成功逃脱的概率。那么，为什么不连兵器一块儿丢了？那样岂不是更有利于逃跑吗？问题是，不一定能逃得出去，万一被敌人追上了，手里有兵器，还可以跟对方拼命。

这里的"曳"字值得注意：拖着。孟子生活的时代，最主要的战争武器是长兵器，尤其是戟，所以《孟子》一书中，形容普通战士全都是说"持戟之士"。倘若是手持戟逃跑，需要克服戟的重力，比较累；倘若是"曳"，拖着，就会省力很多。通过这个"曳"字，我们可以发现孟子对于战争是很熟悉的。

第五，"王道之始"和王道有何区别？

"王道之始"和王道，主要有两个区别：

一个区别是，"王道之始"只是让老百姓吃饱肚子，王道则是在吃饱肚子的基础上，对老百姓进行教育。先富后教，是儒家的一贯主张。最出名的莫过于《论语·子路篇》的如下记载："子适卫，冉有仆。子曰：'庶矣哉！'冉有曰：'既庶矣，又何加焉？'曰：'富之。'曰：'既富矣，又何加焉？'曰：'教之。'"[1] 让老百姓吃饱肚子，是第一步。倘若老百姓吃不饱，穿不暖，却要接受仁义方面的教育，那么这些教育也就显得虚伪了，脱离群众，华而不实，而且不会有好的效果。解决了基本的生活需求，老百姓也就更容易接受礼乐教育，成为文质彬彬的君子。

另一个区别是，"王道之始"和王道都涉及老百姓的吃饭问题，但统治者在其中发挥的作用不同。"王道之始"是初级阶段，处于这个阶

---

① 朱熹. 四书章句集注 [M]. 北京：中华书局，2012：144.

段的统治者所做的，只是不作恶，不给老百姓的生活带来不好的影响。"不违农时""数罟不入洿池"，其中的"不"均为否定、限制之词，即指统治者需要克制欲望。这是从消极的方面来说的。王道阶段的统治者不仅不能作恶，还要主动帮助老百姓："五亩之宅，树之以桑"——统治者要鼓励老百姓种桑树，这被后来的统治者继承，"鸡豚狗彘之畜，无失其时"——统治者要鼓励老百姓养鸡、狗、猪等家畜。《孟子·尽心上》曾说过，这是"西伯"（周文王）的政策："五亩之宅，树墙下以桑，匹妇蚕之，则老者足以衣帛矣。五母鸡，二母彘，无失其时，老者足以无失肉矣。百亩之田，匹夫耕之，八口之家足以无饥矣。所谓西伯善养老者，制其田里，教之树畜，导其妻子使养其老。五十非帛不暖，七十非肉不饱。不暖不饱，谓之冻馁。文王之民无冻馁之老者，此之谓也。"① 这是从积极的方面来说的。我们对其中的数字略做分析。孟子提出，有两条措施可以解决"非肉不饱"的问题："五母鸡，二母彘"。这说明：首先，鸡蛋在当时被当作肉类。其次，"二母彘"一般需要养一年，那么平时的肉类主要是来自鸡蛋。既然"七十非肉不饱"，那么老者就只能每天都吃鸡蛋。正常情况下，每只母鸡每天可以下一只蛋，"五母鸡"每天可以下五只蛋。由此可以推测，在孟子设想的家庭中，每户家庭应该只有一位需要吃肉的老者。如果有两位以上的老人，五只鸡蛋不够吃，就有人要挨饿。

第六，王道的物质层次为什么这么低？

王道是最好的政治，然而王道的物质层次非常低："七十者衣帛食肉，黎民不饥不寒"，70岁以上的老人才能穿丝绸衣服、吃肉，普通老百姓没有丝绸衣服穿，只能穿葛、麻等做的粗糙衣服，也没有肉吃，仅仅能够填饱肚子、不挨饿受冻而已。孟子为什么不将王道设定为物质极大丰富的程度？

---

① 朱熹. 四书章句集注 [M]. 北京：中华书局，2012：363.

这是因为，孟子生活的时代，物资极度匮乏，人民就连吃饱穿暖都是奢望，哪敢想象美好的物质生活？我国著名史学家彭卫先生，通过大量的传世文献、考古材料、生物学知识和古今中外学者们的研究成果，指出："对于生活在社会中下层的大多数秦汉时期的人来说，肉类食物无疑是一种奢侈食品，平日难得问津，只有在节庆、婚礼和宴客中，他们才能一饱口福。'草蔬'之食是一般百姓大多数日子的经常性食物。食肉次数大约只能以年来计算……每人每年平均只有 0.02 斤肉……经济条件尚可的人家（以平均 5 口计）每人年平均食肉量可能有 2—5 市斤。"[①] 可见，对于普通人家来说，能让老人多吃几顿肉都是奢望。孟子生活的战国初期，生产力比彭先生论述的汉代还要低下很多，情况无疑会更加糟糕。

《寡人之于国也》一文很难讲，主要原因是：倘若只懂字面意思，那就会觉得这篇文章也没什么了不起的，不过是一篇充满道德说教的陈词滥调而已。只有读懂字面背后的意思，才能将这篇文章讲活，让人感兴趣。

第三节 《荀子》的数学成就初探

荀子的数学成就，最受学者关注的，是荀子跟我国古代最重要的数学著作《九章算术》之间的关系。钱宝琮先生认为，《九章算术》的编撰思想与荀子、荀派儒学关系紧密，"虽不能证明它渊源于荀卿，但与荀卿思想十分类似。"[②] 郭书春先生进一步指出，《九章算术》的重要编

① 彭卫. 汉代人的肉食 [M]//中国社会科学院历史研究所学刊编委会. 中国社会科学院历史研究所学刊. 北京：商务印书馆，2011：61-136.
② 钱宝琮. 钱宝琮科学史论文选集 [M]. 北京：科学出版社，1983：597-607.

订者"张苍是荀卿的学生，他的思想受到荀派儒学的极大影响，并把这种思想贯穿到《九章算术》的整理之中，是合乎历史的逻辑的"①。笔者完全赞同钱、郭两位先生的意见，即认为荀子为我国先秦时期一位重要的数学家，并且与《九章算术》这一鸿篇巨制关系密切。但坦白说，钱先生的分析更多的是采用类比法，寻找相似之处，郭先生采用的是情理分析法，最有力的直接证据稍显不足，暂时还无法一锤定音。因此，笔者考虑的是，通过《荀子》一书的数学成就，来直接证明荀子为先秦时期重要的数学家，而非研究荀子与《九章算术》的关系。具体说来，笔者从数量词和数量关系、度量衡、数学观、数学在《荀子》中的作用等四个方面，讨论《荀子》的数学成就。

一、《荀子》中的数量词和数量关系

据统计，《荀子》一书中，直接涉及数量的字有："一"字出现了313次，"壹"字27次，"二"字47次，"贰"字11次，"三"字162次，"四"字72次，"五"字81次，"六"字26次，"七"字19次，"八"字3次，"九"字13次，"十"字45次，"什"（意思是1/10）字4次，"百"字223次，"千"字40次，"万"字90次，"亿"字6次，"兆"（10亿）字1次。合计1183次。《荀子》中跟数量有关的字词还有："多"字82次，"少"字57次，"众"字80次，"寡"字33次，"独"字24次，"加"字38次，"半"字1次，"同"字107次，"有余"18次，"不足"59次，"百倍"1次，"不可胜数"2次等。

《荀子》中出现的整数，最小的是"一"，最大的是"兆"："一人有庆，兆民赖之。"（《君子篇》）古代的大数进位法有三种：下数，十万为一亿，十亿为一兆；中数，一万万为一亿，一万亿为一兆；上数，一亿亿为一兆。这里的"兆"为下数进位法，为100万。然而，"兆"

① 郭书春. 论中国古代数学家 [M]. 北京：海豚出版社，2012：20.

字仅出现 1 次，"亿"字出现 6 次，从一到十、百、千、万等数则大量出现。我们由此可以知道，万及万以下的整数在当时被广泛使用。

《荀子》中分数的表述形式，主要是间接表示，比如："百发失一，不足谓善射。"（《劝学篇》）失误率为 1/100 的射手，不能称为善射。周公"兼制天下，立七十一国，姬姓独居五十三人，而天下不称偏焉"（《儒效篇》）。周公所封姬姓诸侯比例为 53/71，但是天下不认为是偏心。"其道百举而百陷也。"（《儒效篇》）那种方法的错误率是 100%。这就和《论语》的情况差不多——《论语》中的分数比较简单，只是"三分天下有其二"这样暗含分数的表述，"还没有现在几分之几这样的表现形式"①。《荀子》中还有更为直接的分数表达方式："田野，什一。"（《王制篇》）"什一"即分数 1/10，在这里是收 1/10 的税的意思。

二、《荀子》中的度量衡

早期的几何学研究的对象是长度、面积、体积等。我国古代则常常将其和重量并列，合称为度量衡。荀子非常重视度量衡的作用，甚至认为"无制、数、度、量，则国贫"（《富国篇》），将度量衡上升到关系国家贫富的重要高度。

（1）度，表示长度和面积。《荀子》一书中，涉及长度和面积的内容是："豪"字出现 3 次，"毫"字 5 次，"厘"（1 厘等于 10 毫）字 1 次，"寸"字 8 次，"尺"字 10 次，"丈"字 3 次，"步"字 8 次（1 步等于 6 尺），"寻"字 3 次（1 寻等于 8 尺），"仞"字（1 仞等于 7 尺或 8 尺），"亩"字 6 次，"里"字 52 次。我们可以看出，《荀子》一书中，度的单位很多，这显示出荀子在这方面有较为丰富的知识，其中最常用的是"里"。有趣的是，《孟子》一书也是如此。这是因为，《孟

---

① 骆承烈. 孔子与数学［J］. 曲阜师院学报（自然科学版），1985（2）：91-95.

子》《荀子》要谈论政治，就要涉及诸侯国的情况。诸侯国国土面积的计量单位一般都是"里"，如千里之国，百里之国。所以，"里"字才会在《孟子》《荀子》中大量出现。值得注意的是，《荀子》中还有很多表示约略长度的情况，比如："不积跬步，无以至千里"（《劝学篇》）。"跬"，人走半步的距离；"步"，人走两步的距离。"跬""步"都跟长度有关，能给定一个大致范围而无法得到准确值。"驽马十驾，功在不舍"（《劝学篇》）。"十驾"，马十天所走的路程，也是只有大略范围而无法确知。

《荀子》有跟测量长度和面积有关的内容："木直中绳，𫐓以为轮，其曲中规"（《劝学篇》）。"绳"，墨绳，古代检测垂直的工具；"规"，圆规，画圆的工具。而且荀子准确地说明了"绳"的用途："木受绳则直"（《劝学篇》）。荀子还指出适宜的测量工具的重要性："譬之犹以指测河也……不可以得之矣。"（《劝学篇》）要测量河流的深浅，就不能用手指，而应该找更长的测量工具。

荀子注意到外物对于度的影响："吾尝跂而望矣，不如登高之博见也。登高而招，臂非加长也，而见者远；顺风而呼，声非加疾也，而闻者彰。假舆马者，非利足也，而致千里；假舟楫者，非能水也，而绝江河。君子生非异也，善假于物也。"（《劝学篇》）山可以让人站得更高，看得更远；风可以让声音传播得更远；车、马、船只可以让人走得更远。因此，外物可以让人突破自身在度方面的局限。

值得注意的是，荀子很巧妙地用有形的长短，来形容无形事物的等级："礼者，人主之所以为群臣寸、尺、寻、丈检式也。"（《儒效篇》）人的才能是无法用度量衡来描述的，然而荀子说，君主可以考量臣子的德才是一寸、一尺、一寻还是一丈——寸、尺、寻、丈本身是长度单位，放在一起，又可以产生长短相比较的效果，所以荀子就利用这种效果，来区分臣子德才的高低大小。

荀子还指出了最高、最低、最长的事物，分别对应天、地和无穷："天者，高之极也；地者，下之极也；无穷者，广之极也"（《礼论篇》）。

（2）衡，表示重量。《荀子》中有关重量的词有："溢"字1次，"锱"字2次，"铢"字1次，"石"（1石为120斤）字3次。比如："今有人于此，屑然藏千溢之宝"（《儒效篇》）。"溢"即为"镒"，在出土文献中也写为"益"，是黄金的重量单位。"割国之锱铢以赂之，则割定而欲无厌"（《富国篇》）。"锱""铢"均为极小的重量单位。"魏氏之武卒，以度取之。衣三属之甲，操十二石之弩"（《议兵篇》）。魏国的武卒能够拉动"十二石"（2400斤）的弩。

《荀子》有跟测量重量有关的记载。"衡石称县者，所以为平也。"（《君道篇》）"石"为重量单位，这里用"衡石"来作为称重器的总称。"国无礼则不正。礼之所以正国也，譬之，犹衡之于轻重也，犹绳墨之于曲直也，犹规矩之于方圆也，既错之而人莫之能诬也。"（《王霸篇》）"衡"即秤，用于测量重量。"绳墨""规矩"则与度有关。"权物而称用"（《王霸篇》），"权物"即移动秤锤，使秤杆达到平衡，从而能够准确称重。

值得注意的是，荀子很巧妙地将表示物体重量的"轻重"，用来形容官爵的高下："为之宫室台榭，使足以避燥湿、养德、辨轻重而已"（《富国篇》）。官爵本身没有重量，但有重要程度、尊卑贵贱的不同，因此，荀子就用物体重量的"轻重"，来形容身份上的尊卑贵贱。荀子还注意到，人所承担的重量应该与其力气相一致，否则可能会造成严重后果："力之少而任重也，舍粹折无适也"（《儒效篇》）。

（3）量，表示体积。《荀子》中有关体积的字有："斗"字2次，"斛"（1斛为10斗）字2次。《荀子》还有测量体积的内容。比如："斗斛敦概者，所以为啧也。"（《君道篇》）"斗""斛"为容量单位，

"敦""概"则为测量体积的内容，"敦"为测量谷物体积的容器，其容量为一斗二升（我们由此可以推测，《荀子》中暗含容量单位"升"），"概"为测量谷物体积时，用于刮平的木板。

荀子认为，大的体积是由小的体积积累而成的，"积土而为山，积水而为海"。荀子形容最大的体积是"宇中六指谓之极"（《儒效篇》），空间向东、南、西、北、上、下等六个方向延伸出去，就是"极"，这就是最大的体积。

荀子非常重视度量衡测量工具的重要性。他说："故绳墨诚陈矣，则不可欺以曲直；衡诚县矣，则不可欺以轻重；规矩诚设矣，则不可欺以方圆；君子审于礼，则不可欺以诈伪。故绳者，直之至；衡者，平之至；规矩者，方圆之至；礼者，人道之极也。"（《礼论篇》）"圆者中规，方者中矩。"（《赋篇》）"绳墨"是直线的标准，"衡"是重量的标准，"规矩"是方圆的标准，这个标准包括制作和测验两个方面。这和后文说的荀子重视"程"（标准）、重视事务的标准化的思想是一致的。

三、荀子的数学观

荀子非常重视数学。他说："程者，物之准也；礼者，节之准也。程以立数，礼以定伦；德以叙位，能以授官。"（《致士篇》）我们首先需要辨析"程"的概念。《汉书·高祖本纪》记载："今献未有程"，颜师古注："程，法式也。"[1] 即"程"为官方的法定标准。睡虎地秦简《秦律十八种》中有"工人程"，其内容是"关于官营手工业生产定额的法律规定"[2]。出土文献《算数书》中有"程竹"算题，其内容是制

---

① 班固. 汉书［M］. 北京：中华书局，1962：70-71.
② 睡虎地秦墓竹简整理小组. 睡虎地秦墓竹简［M］. 北京：文物出版社，1990：45.

作三尺简的官方标准①。可见"程"的意思是各种事务的标准。荀子所说的"程者，物之准也"，显然也是同样的意思。"程"最重要的作用是"立数"，即从数量和数学的角度，对事务予以明确规定。可见，数学是制定标准、设计制度的重要手段和依据。这就是荀子重视数学的原因。

荀子认为数学在政治中有非常重要的作用，这主要包括五个方面的内容：

第一，荀子认为，数学跟上层官吏关系密切。"宰爵知宾客祭祀飨食牺牲牢之数。司徒知百宗城郭立器之数。司马知师旅甲兵乘白之数……修堤梁，通沟浍，行水潦，安水臧，以时决塞；岁虽凶败水旱，使民有所耘艾，司空之事也。"（《王制篇》）宰爵、司徒、司马这些高级官员的职责，都是"知……之数"，也就是在通过数学进行相关的统计、量化规定、计算等的基础上，展开相应的工作。"司空之事"所涉及的土木工程方面的事情，则是数学的应用，不管是传世文献《九章算术》，还是出土算术文献岳麓秦简《数》、张家山汉简《算数书》等，都有大量的相关事例。宰爵、司徒、司马、司空都是非常重要的官职，可见数学跟上层政治存在密切关系。

第二，荀子认为，数学跟一般官吏关系密切。"材人：愿悫拘录，计数纤啬而无敢遗丧，是官人使吏之材也。"（《君道篇》）"计数纤啬而无敢遗丧"，意思是计算清点时要准确无误，注重的是会计方面的能力，这是对"官人使吏"（一般的官员和差役）的要求。

第三，荀子认为，数学和治民关系密切。"由士以上则必以礼乐节之，众庶百姓则必以法数制之。量地而立国，计利而畜民，度人力而授事；使民必胜事，事必出利，利足以生民，皆使衣食百用出入相掩，必

---

① 衣抚生. 张家山汉简《算数书》研究二题［M］. 鲁东大学学报（哲学社会科学版），2018（1）：16-19.

时臧余，谓之称数。故自天子通于庶人，事无大小多少，由是推之。"（《富国篇》）"士以上"者要用礼乐来掌控，对于普通百姓则要用"法数"来管理，相关的描述存在大量的数学应用，比如"量地"为土地方面的计算，"计利"为计算百姓的利益生计，"度人力"为估算百姓的负担与能力等。可见数学在治民方面的重要作用。

第四，荀子认为，数学在富国方面有重要作用："无制、数、度、量，则国贫"（《富国篇》）。

第五，荀子还指出，好的政治，标准之一是"凡主相臣下百吏之属，其于货财取与计数也，宽饶简易"（《富国篇》），"货财取与计数"显然跟数学密切相关。

荀子虽然重视数学和政治的联系，但是反对服务于聚敛的数学。"成侯、嗣公，聚敛计数之君也，未及取民也；子产，取民者也，未及为政也；管仲，为政者也，未及修礼也。故修礼者王，为政者强，取民者安，聚敛者亡。故王者富民，霸者富士，仅存之国富大夫，亡国富筐箧、实府库。筐箧已富，府库已实，而百姓贫，夫是之谓上溢而下漏。入不可以守，出不可以战，则倾覆灭亡可立而待也。故我聚之以亡，敌得之以强。聚敛者，召寇、肥敌、亡国、危身之道也，故明君不蹈也。"（《王制篇》）在荀子看来，为了聚敛而采取的数学，是最低等次的，由此造成的表面上的国"富"，实际上是亡国之道。

荀子有以简御繁的数学思想。荀子在《王制篇》中说："以类行杂，以一行万"，"类""一"为本质、规律、核心，"杂""万"为具体的事物，非核心，抓住重点和本质规律，以简御繁，就能费力少而处置得当。这种思想无疑是很高超的。

《荀子》强调数据完整性的重要："百发失一，不足谓善射；千里跬步不至，不足谓善御。"要想成为一个行业的"善"者，就必须能够保证数据的完整性，而不能有所损失。因此，荀子强调："君子贵其全

也。"（《劝学篇》）

四、数学在《荀子》中的作用

数学在《荀子》一书中，很多时候都是被有意应用的，以服务于荀子的论述，其作用可以大致分为如下几类：

（1）叙述某一问题的准确情况或大致情况。比如，荀子说："天子棺椁十重，诸侯五重，大夫三重，士再重"（《礼论篇》），是对当时贵族棺椁情况的准确描述。"口、耳之间则四寸耳，曷足以美七尺之躯哉"（《劝学篇》），描述的是嘴巴和耳朵之间距离、当时男子的身高等方面的大致情况。

（2）描述事物的发展顺序或等级关系。比如，荀子说："欲知亿万则审一二"（《非相篇》）。亿万这样巨大的数，是从一、二这样渺小的数发展起来的，所以要想知道亿万，就应该从知道一、二开始。这是事物的发展顺序。"君于大夫，三问其疾，三临其丧；于士，一问，一临。"（《大略篇》）国君对大夫和士在问疾、临丧方面的数字不同，反映的是两者有不同的等级关系。

（3）为荀子的主张提供数据上的支持。比如，荀子说："夫骥一日而千里，驾马十驾则亦及之矣。"（《修身篇》）荀子强调坚持努力的重要性，通过骥、驾马行程数字的对比来说明，只要努力，哪怕是天赋不足，也可以取得很高的成就。

（4）通过数据对比，来阐明事情真相或凸显某一方面的作用。比如，针对当时人热衷的相面术，荀子指出："盖帝尧长，帝舜短；文王长，周公短；仲尼长，子弓短。"（《非相篇》）荀子通过一系列的长短对比，来说明通过人的外表来判断吉凶前途的相面术是荒诞不经的，真正重要的是考察人的道德修养。比如，一个方圆百里之地的国家，比方圆千里之地的国家小很多，面积只是后者的百分之一。荀子说，大儒可以做到"用百里之地，而千里之国莫能与之争胜"（《儒效篇》），可以带领方圆百里的小国，胜过方圆千里的大国。这就凸显了大儒的巨大作用。

（5）表达特殊含义。有一些数字，在《荀子》一书中有特殊含义。比如，"一"字有完整、统一的意思，荀子说"天下为一"（《儒效篇》），就是统一天下的意思。"一"也代表最小的数字，荀子说大儒"行一不义，杀一无罪，而得天下，不为也"（《儒效篇》）。"一"最小，所以通过"一"字可以衬托出大儒具有最高水平的仁义境界。"百"字有圆满、多的意思，所以"百工""百官""百家"等都代表了该阶层的所有人员。

五、结语

综上所述，《荀子》一书有比较丰富的数学知识。数学在荀子的著作中，也起到了比较重要的作用。我们由此可以认为，荀子为我国先秦时期杰出的数学家。

第五章

数学史视域下的史学研究

本章讨论史书中的数学相关问题。

《孔子"奉粟六万"小考》是笔者较为看重的一篇。该文说的是一个具有原则性的常见问题，可以用来纠正一系列错误：秦始皇统一度量衡之前，各国的度量衡并不统一。学者们一方面承认秦始皇统一度量衡是很了不起的事情，另一方面却用秦汉的度量衡直接套用到先秦时期各国，岂不是很荒谬的错误吗？笔者以孔子"奉粟六万"为例，来讨论这个问题。笔者的结论不一定是对的，但这个问题值得引起注意。

《霍去病军"士有饥者"新论》一文看似是史实讨论，实际上处处都是数学思维。《史记》记载，霍去病军"重车余弃粱肉而士有饥者"，这种表述形式让读者普遍认为：霍去病军中存在较为严重的粮食补给问题，而战士饥饿是霍去病不体恤士卒所致。从数学的角度来看，霍去病及其核心团体才多少人？他们能浪费多少粮食？这个比例一定是很低的。有了这一思路，再去读原文，笔者就发现：汉武帝的两份诏书可以证明，霍去病军中并未有严重的粮食补给问题。当然，要汉武帝在诏书中强调这一点，说明当时军中存在普遍的粮食供给问题，该问题是如何发生的？算术文献中的均输类算题，可供借鉴。

《修订本〈史记〉中的纪日问题》一文对中华书局 2013 年修订本

《史记》中的干支纪日错误，进行校勘，总共得到 32 则校勘札记。校勘的依据是：《史记》使用天干纪日，查阅朔闰表可知，某些干支对应的日期不存在，通过本校法、他校法、理校法等各种校勘方法，可以得到正确的干支。

需要说明的是，本书并未收录笔者的一篇较为重要的文章《〈汉书·地理志〉提封田数值问题新探》。学界普遍知道，《汉书·地理志》记载了我国现存最早的官方统计的"提封田"（国土面积）数据，其中存在多种问题，包括：各分项数据之和与总数不匹配；和相近时代的著作相比，耕地面积所占比例太低等。该文试图用数学的视角，对这些问题提出合理的解释，尤其是用算筹来解释数据不匹配的问题。该文暂时不收入本书。

第一节　孔子"奉粟六万"小考

一、问题的提出及前人研究的问题所在

《史记·孔子世家》记载了孔子在鲁国、卫国时的俸禄，其内容如下："孔子遂适卫，主于子路妻兄颜浊邹家。卫灵公问孔子：'居鲁得禄几何？'对曰：'奉粟六万。'卫人亦致粟六万。"①

文中缺少了作为关键信息的容量单位，导致我们不知道孔子的俸禄是多少：六万斗？六万石？六万钟？……司马贞《史记索隐》提出一种猜测："若六万石似太多，当是六万斗，亦与汉之秩禄不同。"司马贞的第一反应是"六万石"，这是因为"汉之秩禄"是以石为单位的。

---

① 司马迁. 史记 [M]. 北京：中华书局，1982：1919.

但他很快就发现问题：丞相才万石，孔子却高达六万石，是丞相的6倍，未免太过离谱，因此他进行修正，将"六万石"改为"六万斗"，相当于六千石，正好介于汉代丞相和九卿的爵禄之间，看起来还可以接受。但秦汉官员俸禄中找不到"六万斗"级别的，而且秦汉官员俸禄的单位为"石"，不是司马贞说的"斗"，司马贞可能也觉得不是很妥当，就只好说："亦与汉之秩禄不同。"张守节《史记正义》有补充说明："六万小斗，计当今二千石也。周之斗升斤两皆用小也。"清代著名学者王鸣盛认可司马贞的观点，而反对张守节的观点，他说："余谓《索隐》近之，《正义》则谬。唐之量虽大，比周加一倍可矣。计六万斗，则六千石，即唐时量亦当三千石，岂止二千乎？"① 王鸣盛的观点存在错误：王鸣盛不知道唐代的斗、石和周朝、汉代的斗、石之间的准确关系，只是知道前者比后者大，他认为前者"比周加一倍可矣"，也就是说，前者最多比后者大一倍，绝对不可能是后者的三倍。这是没有查证相关史料的猜测之词。实际上，前者恰恰是后者的三倍。据《旧唐书·职官二》记载，唐代曾经对容量单位斗进行过改革："凡量以秬黍中者容一千二百为龠，二龠为合，十合为升，十升为斗，三斗为大斗，十斗为斛。"② 所谓的"三斗为大斗"，也就是说改革后的唐代的斗大，相当于秦汉时期的三斗，因此孔子时的六万斗，相当于汉代的六千石、唐代的二千石，这是没有任何问题的。司马贞《史记索隐》和张守节《史记正义》的观点完全相同，不存在王鸣盛所说的"《索隐》近之，《正义》则谬"的区别。崔述则对这段材料的真实性提出质疑："《春秋传》秦缄楚比之属，皆以班爵，各受应得之禄。《世家》所云，颇似战国养士之风，殊缺雅驯。"③ 崔述的怀疑没有明显证据，暂且

---

① 王鸣盛，顾美华. 蛾术编［M］. 上海：上海书店出版社，2012：1053-1054.
② 刘昫. 旧唐书［M］. 北京：中华书局，1975：1827.
③ 司马迁，泷川资言，水泽利忠. 史记会注考证附校补［M］. 上海：上海古籍出版社，1986：1151.

不论。

　　其实，司马贞的注释存在根本性的问题：春秋战国时期，各国的度量衡比较混乱，并不统一。石（斛）、斗、升为秦国的基本容量单位，后来被秦朝、汉朝延续，也是后人最为熟悉的度量衡体系，但并不是孔子所在的鲁国、卫国一带所用的容量单位。据本书研究，鲁国的容量单位大致和齐国一致，为釜、钟等，与秦制明显有别。司马贞没有注意到这种差别，以秦制上推孔子时鲁国的情况，其推论恐怕是不成立的。

二、孔子"奉粟六万"的容量单位

　　要想研究清楚这个问题，就需要回到孔子的时代，用当时的鲁国或卫国的度量衡，来进行解释。但这存在很大的困难：文献中没有完整记载鲁国和卫国的度量衡体系，出土的春秋战国度量衡实物较少，尤其是，迄今为止尚未发现鲁国的度量衡，这就导致我们很难弄清楚"六万"对应的容量单位是什么。不过，通过研究《论语》《孔子家语》《韩诗外传》《孟子》等记录孔子及其弟子生平事迹的典籍，分析他们经常接触到的容量单位，尤其是作为俸禄计量单位的容量，我们可以发现齐、鲁两国的度量衡很可能是相同的。

　　（一）孔子及其弟子经常接触的容量单位

　　《论语》是记载孔子和孔门弟子的最可靠的材料，因此，我们首先通过《论语》中的记载，来探讨这个问题。《论语》中出现的容量单位是：

　　　　子贡问曰："何如斯可谓之士矣？"子曰："行己有耻，使于四方，不辱君命，可谓士矣。"曰："敢问其次。"曰："宗族称孝焉，乡党称弟焉。"曰："敢问其次。"曰："言必信，行必果，硁硁然小人哉！抑亦可以为次矣。"曰："今之从政

者何如?"子曰:"噫!斗筲之人,何足算也?"(《子路篇》)

子华使于齐,冉子为其母请粟。子曰:"与之釜。"请益。曰:"与之庾。"冉子与之粟五秉。子曰:"赤之适齐也,乘肥马,衣轻裘。吾闻之也:君子周急不继富。"(《雍也篇》)①

《子路篇》涉及的容量单位是斗、筲(5升),《雍也篇》涉及的容量单位是釜(6.4斗)、庾(2.4斗)、秉(16斛,或者说是160斗)。其中值得注意的有两点:首先,除了斗之外,《论语》中出现的筲、釜、庾、秉等容量单位,都不是秦汉一系的容量单位,这就可以说明,用秦汉的石、斗等容量单位来说明鲁国(卫国)的情况,是错误的,二者属于不同的度量衡体系。其次,目前学者们已经研究清楚战国七雄、东周、中山等国的度量衡。《雍也篇》记载的是孔子在鲁国时候的事情,却出现了齐国一系所独有的度量衡单位——釜,这说明齐、鲁两国的度量衡有相同之处,最起码是都有区别于他国的釜。

除了《论语》之外,《庄子》《韩诗外传》《孔子家语》等其他典籍中也出现了跟孔子(或孔子弟子)有关的俸禄单位的记载,可供参考。我们再来看可靠程度较高的《孔子家语》的记载:

子路见于孔子曰:"负重涉远,不择地而休;家贫亲老,不择禄而仕。昔者由也事二亲之时,常食藜藿之实,为亲负米百里之外。亲殁之后,南游于楚,从车百乘,积粟万钟,累茵而坐,列鼎而食,愿欲食藜藿,为亲负米,不可复得也。枯鱼衔索,几何不蠹,二亲之寿,忽若过隙。"孔子曰:"由也事亲,可谓生事尽力,死事尽思者也。"②

① 朱熹.四书章句集注 [M].北京:中华书局,2012:85,147.
② 王国轩,王秀梅.孔子家语 [M].北京:中华书局,2011:87.

子路能够"积粟万钟"，说明他的俸禄就算不是万钟，也应该与万钟差别不太大，这样才能积累万钟。这表明当时子路所在地区的高官官员的俸禄很有可能与万钟接近。当然，这里的记载也存在问题："南游于楚"。子路出仕的记载很明确，那就是在鲁国和卫国，并不包含楚国。这就有两种解释：第一，这段记载为寓言性质，并非事实。第二，应将楚国改为子路出仕的地区，鲁国或卫国。如果是前者，由于楚国没有钟这一度量单位，我们可以认为，编造该寓言故事的作者很可能是用齐鲁一带的情况来臆测楚国的。如果是后者，那就可以证明，鲁国、卫国高级官员的俸禄单位是钟。而据学者研究，钟是齐国一系所独有的度量衡单位。

我们再来看《庄子》的相关记载：

> 曾子再仕而心再化，曰："吾及亲仕，三釜而心乐；后仕，三千钟而不洎，吾心悲。"弟子问于仲尼曰："若参者，可谓无所县其罪乎？"曰："既已县矣！夫无所县者，可以有哀乎？彼视三釜、三千钟，如观雀蚊虻相过乎前也。"①

《庄子》的记载多寓言，未必完全是事实，不过要想让寓言有说服力，最好还是不要违背人们的常识，所以笔者认为，曾子所在的齐鲁一带计算俸禄时，低微的俸禄与"三釜而心乐"相近，即以釜为计量单位，较多的俸禄与"三千钟而不洎"相近，即以钟为计量单位，是基本可信的。而且釜可以和《论语》互证，这就增强了《庄子》记载的可靠性。值得注意的是，这里出现的钟也是齐国所特有的度量衡单位。那么，曾子"三千钟"的俸禄是在什么地方取得的呢？《孟子·离娄

---

① 郭庆藩，王孝鱼. 庄子集释［M］. 北京：中华书局，2013：837.

下》记载"曾子居武城"，朱熹注："武城，鲁邑名。"①《论语·泰伯篇》："曾子有疾，孟敬子问之。"《论语·子张篇》："孟氏使阳肤为士师，问于曾子。"这三条是我们目前所知的曾子为官的全部信息。它们都说明曾子在鲁国为官，或者是在鲁国政坛发挥重要作用，因而我们可以认为"三千钟"是曾子在鲁国时的俸禄。这说明鲁国高级官员的俸禄单位是钟。

《韩诗外传》的相关记载是：

> 曾子仕于莒，得粟三秉，方是之时，曾子重其禄而轻其身；亲没之后，齐迎以相，楚迎以令尹，晋迎以上卿，方是之时，曾子重其身而轻其禄。怀其宝而迷其国者，不可与语仁；窘其身而约其亲者，不可与语孝；任重道远者，不择地而息；家贫亲老者，不择官而仕。故君子桥褐趋时，当务为急。传云：不逢时而仕，任事而敦其虑，为之使而不入其谋，贫焉故也。《诗》云："夙夜在公，实命不同。"②

《韩诗外传》的记载和《庄子·寓言》大体相似，然而文字略有夸张，"齐迎以相，楚迎以令尹，晋迎以上卿"云云，似乎不可信。文中说"曾子重其身而轻其禄"，即曾子并未到齐、楚或晋出仕，这对我们上文分析的曾子只在鲁国出仕的结论，并未形成冲击。至于俸禄单位，《庄子》的记载为三釜（19.2 斗），《韩诗外传》的记载为三秉（7.2 斗），都不高，数量差别也不大。这种差异可能是同一件事情的不同记载造成的，也可能是曾子早年从事的不同工作的反映，现在已经无法考察清楚了。值得注意的是，《韩诗外传》明确点明曾子早年出仕的地

① 朱熹. 四书章句集注［M］. 北京：中华书局，2012：305.
② 许维遹. 韩诗外传集释［M］. 北京：中华书局，1980：1.

区——鲁国的莒，这说明鲁国的低级俸禄单位为釜或秉，这里再次出现了齐国所特有的度量衡单位釜。

我们再来看《说苑》的记载：

> 孔子曰："自季孙之赐我千钟而友益亲，自南宫项叔之乘我车也，而道加行。故道有时而后重，有势而后行，微夫二子之赐，丘之道几于废也。"①

季孙、南宫项叔均为鲁国人，而且都是鲁国的权贵，这说明这段记载发生在鲁国。季孙赠给孔子的粮食较多，为"千钟"，是以钟为衡量单位的。这说明鲁国采取了齐国一系的度量衡单位钟。

通过上述材料，我们大致可以看出：孔子及其弟子经常接触到的容量单位是斗、筲、釜、庾、秉、钟等，表示较多粟米时，计量单位往往是钟，鲁国的度量衡单位应该属于齐国一系。由此，我们可以初步判断孔子"奉粟六万"的计量单位是钟。当然，我们下面会继续论证这个问题。

（二）孔子及其弟子经常接触的容量单位的特点分析

如前所述，春秋战国时期各国的度量衡存在差异。我们可以将这些跟孔子有关的容量单位，和各国的度量衡进行比较，看和哪国的度量衡体系是一致的。据学者们研究，春秋战国时期的度量衡情况大致是②：

（1）"东周实行斛、斗、升制的容量单位。"③

（2）三晋："魏国形成**䞟**、溢制的容量单位。"韩国形成了**䞟**和斗、

---

① 向宗鲁. 说苑校证［M］. 北京：中华书局，1987：414.

② 本书的度量衡主要参考了：丘光明，邱隆，杨平. 中国科学技术史（度量衡卷）［M］. 北京：科学出版社，2001. 赵晓军. 中国古代度量衡制度研究［D］. 合肥：中国科学技术大学，2007.

③ 赵晓军. 中国古代度量衡制度研究［D］. 合肥：中国科学技术大学，2007：55.

溢（升）制的容量单位。""赵国实行斗、升（或溢）制的容量单位。"
（中山国同赵国）①

（3）"燕国实行觳、鹤制的容量单位。"②

（4）"齐国形成升、豆、区、釜、钟制以及钏等独特的容量单位。"③

（5）邹国：邹国与鲁国接壤，且深受鲁国文化影响，其度量衡对本研究可有较大帮助。目前已出土3件邹国量器，其容量大约为20000毫升，很可惜的是，均未标注单位，且不知其具体的年代。丘光明先生认为："从容积来看，与田齐家量相近，也与'商鞅铜方升'相近。"④
丘先生的论证其实可以分为两步：第一，邹国量器和出土的齐田氏的釜相同，均为20000毫升左右，这是直接相等的关系，没有经过中间的换算。第二，商鞅铜方升的容积为202.15毫升，和本书的20000毫升本来没有直接关联，丘先生将20000毫升除以100以后，得出的结果是200毫升，这样就和商鞅铜方升联系起来了。这种计算不是直接得来的，未必十分准确——我们并不敢确定这20000毫升一定是按照十进制或百进制进行拆分的。因此，我们可以认为这3件邹国量器与齐田氏的釜是一致的。这或许说明齐国作为大国，对邹国等周围小国具有一定的影响。

（6）"楚国实行斛、斗、升制的容量单位。"⑤

（7）"秦国实行斛、斗、升制的容量单位。"⑥

通过将春秋战国时期各国的度量衡，和史料中出现的跟孔子及其弟

① 赵晓军. 中国古代度量衡制度研究［D］. 合肥：中国科学技术大学，2007：56-59.
② 赵晓军. 中国古代度量衡制度研究［D］. 合肥：中国科学技术大学，2007：61.
③ 赵晓军. 中国古代度量衡制度研究［D］. 合肥：中国科学技术大学，2007：63.
④ 丘光明，邱隆，杨平. 中国科学技术史（度量衡卷）［M］. 北京：科学出版社，2001：126.
⑤ 赵晓军. 中国古代度量衡制度研究［D］. 合肥：中国科学技术大学，2007：69.
⑥ 赵晓军. 中国古代度量衡制度研究［D］. 合肥：中国科学技术大学，2007：69.

子有关的度量衡进行对比，我们就可以发现，孔子所使用的容量和齐国的容量最为接近，尤其是釜和钟都是齐国所独有的容量单位。再加上跟鲁国关系密切的邹国的容量单位与齐国的一致，我们可以认为，鲁国的度量衡应该和齐国的基本一致，孔子奉粟的"六万"应该是以齐国的容量为单位的，其单位应该就是钟。

我们认为，"奉粟六万"应该是六万钟，理由还有：

第一，作为俸禄讲的时候，尤其是较多俸禄的时候，齐鲁一带典籍中最经常出现的单位为钟。比如前面所引的《说苑·杂言》中的"千钟"、《庄子·寓言》中的"三千钟"，都是一大笔俸禄。又比如，《孟子》中，齐宣王跟孟子说："我欲中国而授孟子室，养弟子以万钟"（《公孙丑下》），陈仲子之兄"盖禄万钟"（《滕文公下》），"万钟于我何加焉"（《告子上》），都说明万钟是很大的一笔俸禄。其他度量单位，并没有作为较多俸禄单位的记载。

第二，孟子领取过以钟为单位的俸禄，可以跟孔子进行对比。孟子想要离开齐国，齐宣王进行挽留，提出以万钟来养孟子的弟子。孟子辞而不受，为表明自己不是贪图财物之人，他说："辞十万而受万，是为欲富乎?"（《公孙丑下》）这说明，孟子当时的俸禄是十万钟。孟子和孔子的俸禄大体是一个数量级的，这就说明将两人的俸禄理解为相同单位，是较为合理的。两人的俸禄有差异，孔子六万钟，孟子十万钟，这很可能和如下因素有关：齐国是大国，鲁国和卫国是小国，俸禄的数量自然会有差别；孟子曾经当过卿（《公孙丑下》："孟子为卿于齐"），更重要的是，孟子当过齐宣王的老师，是"诸大夫国人皆有所矜式"的对象，可谓是德高望重，孔子虽然当过大司寇（也有学者认为是小司寇），毕竟还没有达到国君老师的高度，受到国君的礼遇程度也不如孟子，俸禄应该比孟子少；孔子生活在春秋时期，孟子生活在战国时期，生产力水平有了较大提高等。

第三，《韩诗外传》里记载的晏子的俸禄高于孔子，可以作为旁证：

> 晏子之妻使人布衣纻表。田无宇讥之曰："出于室，何为者也?"晏子曰："家臣也。"田无宇曰："位为中卿，食田七十万，何用是人为畜之?"晏子曰："弃老取少，谓之瞀；贵而忘贱，谓之乱；见色而说，谓之逆。吾岂以逆乱瞀之道哉!"①

晏子"位为中卿"，其俸禄是"食田七十万"，其单位应为亩，这是什么概念呢?《汉书·食货志上》里记载了战国时期魏国政治家李悝对当时亩产量的总结："今一夫挟五口，治田百亩，岁收亩一石半，为粟百五十石。"② 学界一般认为，这里的亩产量是比较准确的。我们按照亩产量为 1.5 石计算，则晏子的俸禄是 105 万石，或者说是 16.4 万钟，比孟子的俸禄十万钟还要略高。这可能是因为晏子是齐景公时期最重要的政治家，享受了很高规格的待遇。

综上所述，笔者认为，孔子的奉粟应该是六万钟。当然，本书是在目前条件下，所能作出的相对合理的一家之言，不一定准确。不足之处，还请不吝赐教。

第二节　霍去病军"士有饥者"新论

学者们早就注意到，太史公对李广、卫青、霍去病的描述并不完全

---

① 许维遹. 韩诗外传集释 [M]. 北京：中华书局，1980：330-331.
② 班固. 汉书 [M]. 北京：中华书局，1962：1125.

公允。相关的论述很多，这里仅举较早的一例。宋代人黄震说："看卫霍传，须合李广看。卫、霍深入二千里，声震华夷，今看其传不直一钱。李广每战辄北，困踬终身，今看其传英风如在。史氏抑扬予夺之妙，岂常手可望哉？"① 黄震的这段论述是他在读《汉书》的时候，所产生的感想，但《汉书》的相关记载均来自《史记》，因此，我们可以将其看作是对《史记》和太史公的评价。黄震认为，卫青、霍去病"深入二千里，声震华夷"，是非常杰出的将领，但太史公把他们写得"不直一钱"。李广"每战辄北，困踬终身"，实属无能，却被太史公写得"英风如在"。因此，这些描写并不公允。笔者认为，黄氏所言部分属实：太史公对李广的描写并无大问题。李广平生与匈奴七十余战，他的"飞将军"称号并非自封，而是匈奴的敬畏之称，不愧为一代名将，虽然时运不济，经常劳而无功，但这并非李广个人的问题。不过，太史公确实对卫青、霍去病这两位杰出将领有贬损的情况，《史记》所描写的霍去病不体恤士卒一事，就是典型的一例。《史记·卫将军骠骑列传》有如下记载：

> 然少而侍中，贵，不省士。其从军，天子为遣太官赍数十乘，既还，重车余弃粱肉，而士有饥者。其在塞外，卒乏粮，或不能自振，而骠骑尚穿域蹋鞠。事多此类。②

文中的"不省士""重车余弃粱肉，而士有饥者""卒乏粮，或不能自振，而骠骑尚穿域蹋鞠"等语，都表现了霍去病不体恤士卒的特点。"事多此类"更是说明这并非偶然情况，而是很常见的。这种表述形式让读者普遍认为：霍去病军中存在较为严重的粮食补给问题，而战

---

① 黄震. 黄氏日抄·卷四七·读汉书［M］//全宋笔记·第十编·九. 郑州：大象出版社，2018：407.

② 司马迁. 史记［M］. 北京：中华书局，1982：2939.

士饥饿是霍去病不体恤士卒所致。历代学者均对此进行严厉批评，并无异词。比如，吕思勉先生很不客气地说："此等人可以为将乎?"① 白寿彝先生主编《中国通史》评价说："对于一个统率大军的将帅来说，这不能不说是一个严重的缺点。"②张大可先生则说："卫、霍靠裙带关系青云直上，出征匈奴虽打胜仗而得不偿失，尤其是霍去病。"③

笔者认为，霍去病军中并未有严重的粮食补给问题，而且霍去病是否体恤士卒，与战士饥饿之间并无必然关系。理由是：

第一，从数量关系来说，就算是霍去病个人多享受一些，甚至是霍去病有所浪费，那也占不了多少资源，显然不会造成士卒普遍饥饿的结果。

第二，汉武帝的相关诏书可以作为霍去病军并未严重缺粮的权威证据。元狩二年（前121），霍去病"将万骑出陇西"，立有战功。汉武帝特地颁布诏书，称赞霍去病的功绩：

> 元狩二年春，以冠军侯去病为骠骑将军，将万骑出陇西，有功。天子曰："骠骑将军率戎士逾乌盭，讨遬濮，涉狐奴，历五王国，辎重人众慑慴者弗取，冀获单于子。转战六日，过焉支山千有余里，合短兵，杀折兰王，斩卢胡王，诛全甲，执浑邪王子及相国、都尉，首虏八千余级，收休屠祭天金人，益封去病二千户。"④

诏书中的"辎重人众慑慴者弗取"很值得注意。霍去病夺取了匈

① 吕思勉. 秦汉史［M］. 北京：商务印书馆，2017：133.
② 白寿彝，廖德清，施丁. 中国通史·第四卷·中古时代·秦汉时期（下册）［M］. 上海：上海人民出版社，2015：956.
③ 张大可. 张大可文集·第4卷·史记论赞辑释［M］. 北京：商务印书馆，2013：249.
④ 司马迁. 史记［M］. 北京：中华书局，1982：2929-2930.

奴大量的俘虏和辎重，之所以"弗取"，原因不只是"冀获单于子"，另一个原因肯定是军队的粮食供应尚不成问题。倘若粮食供应不足，就算霍去病急于追求战功，也会取一部分粮食。

元狩四年，霍去病率领五万骑兵，试图寻找匈奴单于，并与之展开决战。这一次，霍去病再次立有大功，汉武帝也下诏书予以表彰：

> 骠骑将军去病率师，躬将所获荤粥之士，约轻赍，绝大幕，涉获章渠，以诛比车耆，转击左大将，斩获旗鼓，历涉离侯……师率减什三，取食于敌，逴行殊远而粮不绝，以五千八百户益封骠骑将军。①

汉武帝在诏书中，明确说霍去病军"逴行殊远而粮不绝"，并没有发生缺粮的情况。诏书中还提到，霍去病军队的粮食除了由己方提供，还可以在战争中夺取匈奴的辎重，从而可以基本保证粮食供应。实际上，霍去病率领的骑兵迅如闪电、出敌不意，匈奴的人员和辎重往往来不及转移，就被霍去病军抢夺，这就在较大程度上解决了补给困难的问题。

总之，上述证据很清晰地表明，霍去病军中并未发生严重的缺粮现象。当然，太史公和霍去病是同一个时代的人，太史公所言"重车余弃粱肉，而士有饥者""卒乏粮，或不能自振"，应该是太史公所见或所闻的事情，必非虚构。那么要如何解释两者之间的矛盾？而且，需要汉武帝在诏书中强调，说明当时军中存在普遍的粮食供给问题，该问题是如何发生的？笔者认为，"士有饥者"的"有"字和"卒乏粮，或不能自振"的"或"字很重要，这两个字的意思都是"有的"，所指代的是一部分人，而不是大部分人，这就表明霍去病军中有士卒饥饿的现

---

① 司马迁. 史记［M］. 北京：中华书局，1982：2939.

象，但只是少数情况，并非普遍情况。我们通过理性分析，也可以得出这个结论：如果一支军队存在大面积的士卒饥饿现象，还能像霍去病军那样千里奔袭、接连打胜仗吗？因此笔者认为，霍去病军中"士有饥者"的情况可能是存在的，但应该不算很严重。而且，将"士有饥者"的原因，简单归因于霍去病的不体恤士卒，也是比较浅显的一种认识，没有看到其背后的深层次原因：当时的交通运输能力不足，难以支撑千里以上的奔袭作战，是士兵在对敌作战过程中可能挨饿的根本原因；霍去病作战喜欢率领最优秀的骑兵脱离大部队，实行突击作战，这些骑兵的粮食必须得到优先供应，这也会影响到其他部队的粮食补给，这是步兵可能挨饿的另一个原因。至于霍去病本人是否体恤士卒，则影响不大。下面进行详细论述。

一、交通运输能力的限制

秦汉时期的交通取得了巨大的成绩，已经"结成了全国陆路交通网的大纲"。但其运输能力仍然较为有限，难以支撑千里以上的大规模运输。正如王子今先生所言："使用民力之酷烈，尤其在于行程常常至于千百里的长途转运。"王子今先生在论述汉武帝通西南夷的千里转运时，又说："这种落后的运输方式的社会劳动消耗或劳动占用达到惊人的程度，而运输经济效益极低，甚至总运输量中仅有 15.6% 抵达目的地。"① 王子今先生的上述论断可与古人的言论相互验证：

> 广武君李左车说成安君曰："……臣闻千里馈粮，士有饥色，樵苏后爨，师不宿饱……"②

---

① 王子今. 秦汉交通史稿 [M]. 北京：中国人民大学出版社，2012：24，129.

② 司马迁. 史记 [M]. 北京：中华书局，1982：2615.

　　"臣闻"二字表明，"千里馈粮，士有饥色"是当时流传较广的军事知识。这里的"千里"未必是实指，而应该是泛指较长的运输距离。这就说明，大规模的长途运输在当时是极为困难的。

　　汉高祖三年（前204），随何奉命去游说英布，使之背叛项羽。随何对英布说，项羽表面上强大，实际上必败无疑，原因之一就是粮草补给困难：

　　　　随何曰："……然而楚王恃战胜自彊，汉王收诸侯，还守成皋、荥阳，下蜀、汉之粟，深沟壁垒，分卒守徼乘塞，楚人还兵，间以梁地，深入敌国八九百里，欲战则不得，攻城则力不能，老弱转粮千里之外；楚兵至荥阳、成皋，汉坚守而不动，进则不得攻，退则不得解。故曰楚兵不足恃也……"淮南王曰："请奉命。"①

　　我们首先讨论一下随何所言的真实性问题。随何是辩士，辩士之言往往浮夸，未必能当成事实。然而，随何所说的这一段话却是真实可信的，理由是：第一，英布是项羽的心腹大将，熟悉项羽军队的实际情况，随何不可能在有关项羽的问题上撒谎。第二，英布是秦汉之际杰出的军事将领，对战争极为熟悉，随何不可能在战争相关问题上撒谎。第三，我们可以检验随何所说的数字的真实性。项羽的根据地彭城距离成皋、荥阳的直线距离约为360千米，相当于秦汉之际的867里，实际路线不可能是直线，因此实际距离要比867里大一些。随何说，项羽军队脱离根据地，"深入敌国八九百里"，"老弱转粮千里之外"，与我们的估算非常接近。这也说明随何所言准确可信。既然如此，随何的话能够打动英布，让英布也认可项羽必败无疑的结论，并且背叛项羽，也就说

————————

　　① 司马迁. 史记［M］. 北京：中华书局，1982：2599-2600.

明长距离运输粮草在当时是非常困难的。

单纯从运输的角度来说，汉匈之战过程中，汉朝的粮食补给比项羽还要困难。这是因为，项羽军是在中原腹地运输粮食，交通情况较好，即前文所引用的王子今先生所说的已经"结成了全国陆路交通网的大纲"。而汉武帝出征匈奴时，汉匈之间的大规模交通网并未建立起来，汉军又多是千里奔袭作战，这就给军事补给带来了更大的困难。反对与匈奴开战的韩安国，就反复强调这一点：

> （韩）安国曰："不然。臣闻用兵者以饱待饥，正治以待其乱，定舍以待其劳。故接兵覆众，伐国堕城，常坐而役敌国，此圣人之兵也……今将卷甲轻举，深入长驱，难以为功；从行则迫胁，衡行则中绝，疾则粮乏，徐则后利，不至千里，人马乏食。兵法曰：'遗人获也。'意者有它缪巧可以禽之，则臣不知也；不然，则未见深入之利也。臣故曰'勿击便'。"①

韩安国反对跟匈奴作战，原因之一就是"深入长驱"的情况下，汉军的战线和补给线会被拉得很长，导致粮草供应困难。擅长用兵的人应该"以饱待饥"，"定舍以待其劳"，但在这种情况下，"饱""定舍"的是本土作战的匈奴，"饥""劳"的是长途奔袭的汉军，结局必然是汉军"难以为功"。而且，一旦两军交战，"疾则粮乏"，为了追逐转瞬即逝的战机而快速行动，会导致粮草供应不上；为了迁就粮草供应而缓慢行进，也有问题，"徐则后利"，会导致错过战机，难以取得战争的胜利。韩安国说，受限于交通运输能力，会出现"不至千里，人马乏食"的后果，因此他反对主动出击匈奴。

---

① 班固. 汉书 [M]. 北京：中华书局，1962：3894.

王莽的将领严尤曾对中原国家与匈奴的战争进行了很好的总结分析：

> 发三十万众，具三百日粮，东援海代，南取江淮，然后乃备。计其道里，一年尚未集合……此一难也。边既空虚，不能奉军粮，内调郡国，不相及属，此二难也。计一人三百日食，用糒十八斛，非牛力不能胜；牛又当自赍食，加二十斛，重矣。胡地沙卤，多乏水草，以往事揆之，军出未满百日，牛必物故且尽，余粮尚多，人不能负，此三难也。胡地秋冬甚寒，春夏甚风，多赍釜鍑薪炭，重不可胜……是故前世伐胡，不过百日，非不欲久，势力不能，此四难也。辎重自随，则轻锐者少，不得疾行，虏徐遁逃，势不能及，幸而逢虏，又累辎重，如遇险阻，衔尾相随，虏要遮前后，危殆不测，此五难也。①

严尤总结的战争困难有五条，均与军事补给有关，可见军事补给实为影响战争胜负的重要因素之一。征讨匈奴需要"内调郡国"，从距离前线较远的地方调集粮食，运输线过于漫长，需要运输的物资数量又很多，平均每头牛需要承担38斛的重担，而且路途中"胡地沙卤，多乏水草"，会导致牛因为缺乏水草而大量死亡，从而产生"余粮尚多，人不能负"的不良后果。辎重甚多还会导致对敌作战的困难，"虏要遮前后，危殆不测"，就算是胜利了，也会"不得疾行"，难以追击。以上并非严尤的臆测，而是"以往事揆之"，以事实为依据。在这种情况下，每次出征匈奴就只能是短时间的突袭行动，"是故前世伐胡，不过百日，非不欲久，势力不能"。

通过上述分析，我们可以看出，霍去病出征匈奴，在军事补给方

---

① 班固. 汉书 [M]. 北京：中华书局，1962：3824-3825.

面，面临着很大的困难，包括：运输距离过于遥远，有时甚至达到两千里，比如，元狩二年（前121），霍去病"复与合骑侯数万骑出陇西、北地二千里，击匈奴"①，以当时的交通运输能力来看，难以提供强有力的后勤保障；霍去病军所经地区有缺乏水草的情况，会导致用于运输的牲口大量死亡；牛能够驮运较多粮食，但行动速度慢，无法满足骑兵速战速决、长途奔袭的要求；马的机动性较好，但驮运的粮食不多，无法进行持续的长距离奔袭作战；运输途中的粮食损耗率过高，对国家是巨大的负担，难以持久。在这种情况下，霍去病军队的转斗千里或多或少会发生军事补给方面的困难，"士有饥者"的情况也就很难完全避免了。当然，汉武帝倾全国之力，保障霍去病军的粮草补给，霍去病军也通过夺取匈奴辎重，来补给粮草，这一问题就可以在很大程度上得到缓解。

二、霍去病的作战方式

不同的将领有不同的带兵与作战方式，比如李广："广廉，得赏赐辄分其麾下，饮食与士共之。终广之身，为二千石四十余年，家无余财，终不言家产事……广之将兵，乏绝之处，见水，士卒不尽饮，广不近水，士卒不尽食，广不尝食。宽缓不苛，士以此爱乐为用。"② 李广的带兵与作战方式，适合带领一支人数不多的精英军队。军队成员之间具有密切的联系，在生活上互相帮助，在情感上互相依赖，在战斗中生死与共。李广作为领导者，在生活中处处体恤下属，下属也积极回报李广，"士以此爱乐为用"。因此，一支凝聚力极强、战斗力极强的军队就形成了。

李广的孙子李陵也是如此。李陵能够得到下属的衷心爱戴和以死效

---

① 司马迁. 史记 [M]. 北京：中华书局，1982：2908.
② 司马迁. 史记 [M]. 北京：中华书局，1982：2872.

忠，是因为他"与士信，临财廉，取予义"，"恭俭下人"，正是如此体恤下属，才能让整支军队凝聚成一个团体，才能在"转斗千里，矢尽道穷，救兵不至，士卒死伤如积"的极为艰险的情况下，仍然具有生死与共的极强战斗力，"李陵一呼劳军，士无不起，躬自流涕，沫血饮泣，更张空拳，冒白刃，北首争死敌"。我们需要注意的是，李陵所率军队的人数："步卒不满五千"。只有这种小规模的军队，才能人人都得到领导者的悉心爱护，将其扩展到千军万马之中，恐怕是不合适的。①

霍去病不是这样的。这一方面是因为霍去病率领的军队数量庞大，难以在统帅和士兵之间形成这种亲密的小团体关系，更重要的是，霍去病并不喜欢这种传统的整支军队集体行动的作战方式。对于霍去病的战术，许倬云先生有很好的总结："霍去病的骑兵，远道奔袭，因敌资粮，来去如风，这一战术，即是从匈奴学来。"②何立平先生对西汉骑兵的如下总结，也可以用在霍去病身上："汉骑兵集团始终保持着比匈奴骑兵更为强大的攻击力和运动力，每次出击都表现出积极进攻、出敌不意、速战速决、灵活机动的特点，发挥骑兵作战的优越性。"③ 我们将霍去病的作战过程列举如下，以对此进行说明。

霍去病第一次独立作战是在元朔六年（前123），其经过是：

> 是岁也，大将军姊子霍去病年十八，幸，为天子侍中。善骑射，再从大将军，受诏与壮士，为剽姚校尉，与轻勇骑八百直弃大军数百里赴利，斩捕首虏过当。④

---

① 班固. 汉书［M］. 北京：中华书局，1962：2729-2730.
② 许倬云. 我者与他者：中国历史上的内外分际［M］. 北京：生活·读书·新知三联书店，2015：54.
③ 何立平. 略论西汉马政与骑兵［J］. 军事历史研究，1995（2）：103-110.
④ 司马迁. 史记［M］. 北京：中华书局，1982：2928.

从第一次独立作战开始，霍去病就为了"赴利"，采用率领精锐骑兵脱离大部队，进行长距离突击作战的方式。这无疑意味着更大的战争风险、更多的战斗可能性、敌方更少的警惕性和更多的立功的机会。这正好符合霍去病年少好斗、爱冒险、渴望建功立业的性格。

前文所引的元狩二年汉武帝的诏书，是史书记载的霍去病的第二次作战。该诏书非常清楚地表明了霍去病的作战特征：长途奔袭，"逾乌鳌，讨遫濮，涉狐奴，历五王国"，"过焉支山千有余里"，目标是"冀获单于子"，渴望取得具有重大意义的胜利，对小的胜利兴趣不大，"辎重人众慑懾者弗取"。这种长驱直入、勇往直前的大开大合的战斗方式，可比之于第二次世界大战名将巴顿。在这种战术思想指引下，步兵对霍去病来说不是很重要，他最看重的是能发动闪电战袭击作用的骑兵，一如巴顿对坦克部队的重视。

史书记载的霍去病的第三次作战，是在元狩二年（前121）的夏天：

> 骠骑将军出北地，已遂深入，与合骑侯失道，不相得，骠骑将军逾居延至祁连山，捕首虏甚多。天子曰："骠骑将军逾居延，遂过小月氏，攻祁连山，得酋涂王，以众降者二千五百人，斩首虏三万二百级，获五王，五王母，单于阏氏、王子五十九人，相国、将军、当户、都尉六十三人，师大率减什三，益封去病五千户。赐校尉从至小月氏爵左庶长。鹰击司马破奴再从骠骑将军斩遫濮王，捕稽沮王，千骑将得王、王母各一人，王子以下四十一人……"……诸宿将所将士马兵亦不如骠骑，骠骑所将常选，然亦敢深入，常与壮骑先其大军，军亦有天幸，未尝困绝也。然而诸宿将常坐留落不遇。①

---

① 司马迁. 史记 [M]. 北京：中华书局，1982：2939.

诏书再次表明了霍去病军善于长途奔袭的特点。值得注意的是，这段记载中出现了"王母""单于阏氏""王子"等字样，这就说明霍去病军"已遂深入"，甚至深入匈奴的大后方，抓住了留在大后方的老人、女人和孩子，其行军路线必然是非常漫长的，其军事行动必然是非常迅疾的。正因为霍去病擅长发挥骑兵高机动性的优势，就出现了汉武帝将精锐骑兵都调配给霍去病的情况，"诸宿将所将士马兵亦不如骠骑，骠骑所将常选"。当然，这种急行军的作战方式对人力、物力都是极大的考验，在取得巨大胜利的同时，自身的损耗也不小，"师大率减什三"，行军和战斗减员大约为30%。这种作战方式也决定了霍去病的不拘小节和不会非常体恤士卒——与匈奴开战只能是长途奔袭、速战速决，士兵们能者上，不能者置之不理。如果过于体恤士卒，照顾那些不能者，就会贻误战机，就不会起到出其不意的战争效果，也就无法取得战争的胜利。这是为了战争胜利所不得不付出的代价。和霍去病相反，老将们往往成长于强调防守的汉文帝、汉景帝时代，是从防守匈奴起家的，到了汉武帝时代，汉匈战争的特点已经发生了很大的变化，但老将们还没有从谨慎、防守的思路中转变过来，他们领导战争的过程中还处处透露着谨小慎微，这就导致他们经常错失战机，"诸宿将常坐留落不遇"。因此，老将们为汉武帝时代所淘汰，也是历史的必然。

元狩二年秋天，霍去病受命迎接投降汉朝的浑邪王：

　　其秋，单于怒浑邪王居西方数为汉所破，亡数万人，以骠骑之兵也。单于怒，欲召诛浑邪王。浑邪王与休屠王等谋欲降汉……天子闻之，于是恐其以诈降而袭边，乃令骠骑将军将兵往迎之。骠骑既渡河，与浑邪王众相望。浑邪王裨将见汉军而多欲不降者，颇遁去。骠骑乃驰入与浑邪王相见，斩其欲亡者八千人，遂独遣浑邪王乘传先诣行在所，尽将其众渡河，降者数万，号称十万。[①]

浑邪王的军队是被裹挟着来到汉朝的，本身并不愿意投降，所以一见到汉朝的军队，就骚动起来，"颇遁去"，匈奴人擅长骑射，逃亡者应该都是骑兵。霍去病能够率军"驰入"浑邪王队伍之中，并且"斩其欲亡者八千人"，迅速平定骚乱，显然也是发挥了骑兵的快速反应能力的优势。

元狩四年（前119）春，霍去病率领精锐部队，试图跟匈奴单于展开决战：

元狩四年春，上令大将军青、骠骑将军去病将各五万骑，步兵转者踵军数十万，而敢力战深入之士皆属骠骑……骠骑将军亦将五万骑，车重与大将军军等，而无裨将。悉以李敢等为大校，当裨将，出代、右北平千余里，直左方兵，所斩捕功已多大将军。军既还，天子曰："骠骑将军去病率师，躬将所获荤粥之士，约轻赍，绝大幕，涉获章渠，以诛比车耆，转击左大将，斩获旗鼓，历涉离侯。济弓闾，获屯头王、韩王等三人，将军、相国、当户、都尉八十三人，封狼居胥山，禅于姑衍，登临翰海。执卤获丑七万有四百四十三级，师率减什三，取食于敌，逴行殊远而粮不绝……"[②]

霍去病率领五万骑兵，而且都是"敢力战深入之士"，也反映了霍去病的带兵特点：擅长使用骑兵，敢于进行大开大合、千里奔袭的闪电

① 司马迁. 史记 [M]. 北京：中华书局，1982：2939.

② 司马迁. 史记 [M]. 北京：中华书局，1982：2939.

战。霍去病军"出代、右北平千余里",汉武帝又说霍去病军"约轻赍,绝大幕,涉获章渠",长途跋涉,甚至远至狼居胥山,可谓是"逴行殊远",这也是骑兵作战的特点。

通过上述分析,我们可以看出,霍去病的作战方式和传统的与士卒同生死、整体作战的将领们完全不同,霍去病充分发挥了骑兵的快速反应能力,经常率领骑兵进行长驱直入、勇往直前、擒贼先擒王的千里奔袭。这种战术取得了巨大的成功,但也会造成若干副作用:第一,会给本来就很艰难的军粮补给,带来更大的困难。第二,必然会导致骑兵优先、步兵不受重视的情况,骑兵、步兵的粮食补给也会产生一定的区别,甚至可能会有骑兵"余弃粱肉",而步兵面有饥色的情况。第三,为了追求转瞬即逝的战机,速度是最重要的,参战士兵会面临着高强度的体力和精神压力,而很难得到体恤。也就是说,不体恤士兵是霍去病骑兵战术的必然结果,也是为了追求战争胜利而付出的代价,有其必要性和不得已,不应被过分责备。

三、结论

总之,笔者认为,霍去病军队中并未有严重的粮食补给问题,少量存在的"士有饥者"的现象,首要原因是当时落后的交通补给,无法满足千里运粮的需要。霍去病重视骑兵、喜欢进行长驱直入、勇往直前、擒贼先擒王的千里奔袭,则是另一个重要原因。这两个原因,前者是时代的局限性所造成的难以克服的困难,后者是为了赢得战争胜利所难以避免的代价。至于霍去病本人是否奢侈浪费、不体恤士卒,则影响不大,也就是说,霍去病的不体恤士卒,被太史公严重夸大了,并在后世产生了长期的不良且不实的影响。

第三节 秦汉之际重要数字辩证四则

秦始皇去世、汉初平定诸吕之乱、吴楚七国之乱爆发，是秦汉之际的三个重要历史事件，笔者发现其发生的具体日期全都难以确指。原因在于，《史记》《汉书》以干支纪日的形式来表述日期，通过历谱推算可知，这些干支纪日并不存在。中学历史课本对破釜沉舟的描述存在数字错误，这里一并指出。

一、平定诸吕时间考

平定诸吕之乱是汉初的大事，《史记·吕太后本纪》中的相关记载为：

> 八月庚申旦，平阳侯窋行御史大夫事，见相国产计事。郎中令贾寿……趣产急入宫。平阳侯颇闻其语，乃驰告丞相、太尉……太尉遂将北军……吕产不知吕禄已去北军，乃入未央宫，欲为乱……（朱虚侯）遂击产。产走……逐产，杀之……遂遣人分部悉捕诸吕男女，无少长皆斩之。辛酉，捕斩吕禄，而笞杀吕媭。使人诛燕王吕通，而废鲁王偃。①

事件本身的记载很清楚。曹窋听说了吕产想叛乱的消息，就紧急去见周勃、陈平。周勃、陈平当天就立即行动，诛杀诸吕。这就是诛诸吕事件。问题在于，高后八年八月壬午朔，八月并无庚申，这一干支纪日

---

① 司马迁. 史记 [M]. 北京：中华书局，1982：409-410.

有误。《汉书·高后纪》也写作"八月庚申"①，也是错的。

最早发现问题的人可能是司马光，他在《通鉴考异》中说："今以《长历》推之，下'八月'当为'九月'。"② 司马光的结论是正确的，但中华书局 2013 年修订本《史记》却并没有采纳司马光的主张，甚至连一条校勘都没有写。为什么会这样呢？笔者推测，原因可能是：司马光所依据的《长历》有问题，不是很准确。汉武帝之前的历法情况很复杂，张培瑜、李忠林等古代历法推算专家都承认这个问题长期未能解决，在出土简牍的帮助下，近几十年才有了重大突破，最终得到可靠合理的结论。而司马光在《资治通鉴》中用《长历》来推算、修正秦汉史实的日期，造成了不少冤假错案，原因就在于《长历》不准确。在缺乏其他旁证的条件下，加上《长历》自身并不可靠，《史记》的修订者们采取了较为审慎的态度，这无疑是很可取的。

笔者经过考察后认为，"八月"确实应该改为"九月"。有三条证据：

第一，根据张培瑜、李忠林等先生最新的历表推算，高后八年八月无庚申，九月有庚申，为九月十日。

第二，《史记·孝文本纪》将诛诸吕事件列入吕后八年九月，其文为："高后八年七月，高后崩。九月，诸吕吕产等欲为乱，以危刘氏，大臣共诛之"③。九月恰好有庚申，为九月十日，能解释通。《史记》的两处相矛盾的记载，一处干支解释不通，肯定有误，另一处干支能解释得通，明显应该以能解释得通的为准。这是"九月"在《史记》中最直接、最有力的证据，可惜司马光没有注意到。

第三，上述《吕太后本纪》引文说："辛酉，捕斩吕禄，而笞杀吕

① 班固. 汉书 [M]. 北京：中华书局，1962：102.

② 司马光. 资治通鉴 [M]. 北京：中华书局，1956：436.

③ 司马迁. 史记 [M]. 北京：中华书局，1982：413.

婴。"辛酉即为九月十一日。从常理来说，陈平、周勃诛杀吕产之后，应该紧接着就对付吕氏家族的第二、第三号人物吕禄、吕婴，绝不可能在八月杀死吕产之后，隔了很多天，到了九月十一日才捕杀吕禄、吕婴。这样岂不是养虎为患吗？在性命攸关的时刻，陈平、周勃这些身经百战的政治家们怎么可能犯这么低级的错误？因此，事实只能是：陈平、周勃在九月庚申（十日）杀死吕产，紧接着又在九月辛酉（十一日）杀死吕禄、吕婴。

总之，笔者认为，平定诸吕之乱发生在吕后八年（前180）九月十日、十一日这两天。那么，《史记》为什么会把"八月"误写为"九月"呢？有两个原因是很可能的：第一，"八"和"九"的字形过于接近，因形近而产生混淆。第二，受齐王起兵时间的影响。该年八月，齐王起兵讨伐诸吕，诸吕马上采取应对措施（派遣灌婴攻打齐王），功臣们也紧接着采取行动（平定诸吕）。这些事件发生的时间很接近，又是有关联的，所以《史记》就误以为它们是同一个月发生的，误把"八月"写为"九月"。

二、吴楚七国之乱爆发时间考

吴楚七国之乱也是汉初的大事，《史记·吴王濞列传》《汉书·荆燕吴传》都记载了具体的日期："孝景帝三年正月甲子，初起兵于广陵。"[①] 问题在于，景帝三年正月甲申朔，正月并无甲子，这一干支纪日有误。

首先，我们可以确定"景帝三年正月"无误。七国之乱始于景帝三年正月，《史记·孝景本纪》《汉书·景帝纪》都可以证明，那么错的就只能是"甲子"这一干支纪日了。幸运的是，《史记·孝景本纪》

---

① 司马迁. 史记 [M]. 北京：中华书局，1982：2828. 班固. 汉书 [M]. 北京：中华书局，1962：1909.

记载了吴楚七国之乱爆发的另外一种准确的干支纪日："三年正月乙巳，赦天下。长星出西方。天火燔雒阳东宫大殿城室。吴王濞、楚王戊、赵王遂、胶西王卬、济南王辟光、菑川王贤、胶东王雄渠反，发兵西乡。"① 正月乙巳即为正月二十二日，能解释通。

《史记·吴王濞列传》有一条记载可以佐证这个日期的正确性："及削吴会稽、豫章郡书至，则吴王先起兵，胶西正月丙午诛汉吏二千石以下，胶东、菑川、济南、楚、赵亦然，遂发兵西。"② 胶西王反叛在景帝三年正月丙午，即正月二十三日。而"吴王先起兵"，吴王造反的时间早于胶西王（《史记·楚元王世家》也说："吴王……今乃首率七国，纷乱天下。"③），正与"正月乙巳"相合，吴王起兵比胶西王早一天。

由此可见，吴楚七国之乱爆发的过程是：景帝三年正月二十二日，吴王先起兵，一天之后的二十三日，胶西王等又接着起兵。

三、秦始皇卒日猜想

《史记·秦始皇本纪》记载："（始皇帝三十七年）七月丙寅，始皇崩于沙丘平台。"④ 日期的记载是清晰的，然而学者们所做的历表和出土秦汉简牍中的《历谱》均显示，始皇帝三十七年七月丙子朔，七月并无丙寅（出土简牍为周家台 30 号秦墓出土的《历谱》）。问题出在哪里？

《史记》记载，秦始皇到平原津就病了，强行西归，走至沙丘平台去世。北大简《赵正书》记载："环（还）至白（柏）人而病……其

---

① 司马迁. 史记 [M]. 北京：中华书局，1982：440.
② 司马迁. 史记 [M]. 北京：中华书局，1982：2827.
③ 司马迁. 史记 [M]. 北京：中华书局，1982：1988-1989.
④ 司马迁. 史记 [M]. 北京：中华书局，1982：309.

亟日夜揄（输）趣（趋），至白（甘）泉之置，毋须后者。"① 《赵正书》记载的生病地点是柏人，而非平原津。笔者认为，《赵正书》的地点记载可能不准确。刘邦曾经路过柏人而不肯留宿，理由是"柏人者，迫于人也"②。《赵正书》以柏人作为始皇帝生病地点，很有可能是取其受迫的寓意，暗示秦始皇走到此处就会受迫生病，不一定反映了事实。另外，柏人在沙丘平台的西面，秦始皇既然是西行，就不可能先到柏人，再到沙丘平台。除去地点的不同，《赵正书》和《史记》都显示，秦始皇生病以后，很迫切地想回到关中，应属可信。综合二者可以看出，当时的情况应该是：秦始皇在巡游的途中生病了，就紧急西归，走到半路，身体经不起颠簸，就在沙丘停了下来。时间是秦始皇三十七年七月。《史记·李斯列传》可证，其文为："其年（秦始皇三十七年）七月，始皇帝至沙丘，病甚，令赵高为书赐公子扶苏……"③此时，秦始皇身体已经比较虚弱，但是意识还清醒，能够口授诏书，显然不会一到沙丘平台就去世，而是在那里待了一段时间。如果我们假定《史记》的记载，意思是秦始皇七月到了沙丘，一直拖到丙寅日才去世，那么就可以比较好地解释《史记》中的"七月丙寅"这一错误。如果这一猜测属实，那么秦始皇去世的时间就应该是八月丙寅，即八月二十一日。这种解释和《史记》中的其他记载并不冲突，又能较好地解释"七月丙寅"，似乎较为可取。这是笔者最倾向的解释。

当然，我们不能完全排除"七月"二字无误的可能性。如果我们假定"丙"字无误，那么可能的时间组合有："丙子"（初一）、"丙戌"（十一日）、"丙申"（二十一日）；如果我们假定"寅"字无误，那么可能的时间组合为："戊寅"（初三）、"庚寅"（十五日）、"壬寅"

① 北京大学出土文献研究所. 北京大学藏西汉竹书 [M]. 上海：上海古籍出版社，2015：189.
② 司马迁. 史记 [M]. 北京：中华书局，1982：3116.
③ 司马迁. 史记 [M]. 北京：中华书局，1982：3076-3077.

（二十七日）。从字形来说，"戊寅"（初三）、"丙申"（二十一日）的可能性最大。在获得进一步的证据之前，我们只能得出一些可能性较大的推测，而难以断定是哪一天。

四、项羽破釜沉舟时的兵力是两万人吗

人教版《中国历史》（七年级上册）讲述了破釜沉舟的故事，内容是："公元前 207 年，在河北巨鹿一带的反秦队伍被 30 万秦军围攻。危急情况下，身为次将的项羽杀死了观望拖延的主将，率领两万人前往救援。在渡过漳水以后，项羽命令将士破釜沉舟，烧掉营帐，每人只带 3 天粮食，以示决一死战。在激战中，起义军的战士勇猛杀敌，以一当十，打得秦军落花流水，最终将秦军主力歼灭。此后，秦朝再也无力挽回败局。"①

这段描述有硬伤：项羽参加巨鹿之战，所率领的军队人数并非"两万人"。实际上，两万人仅为楚军先头部队的人数，而非项羽所率领的楚军总人数。《史记·项羽本纪》中有明确记载："项羽已杀卿子冠军，威震楚国，名闻诸侯。乃遣当阳君、蒲将军将卒二万渡河，救巨鹿。战少利，陈余复请兵。项羽乃悉引兵渡河，皆沈船，破釜甑，烧庐舍，持三日粮，以示士卒必死，无一还心……"② 文中的"陈余复请兵""项羽乃悉引兵"很重要，它们说明，事情的经过是：项羽先"遣当阳君（即英布）、蒲将军将卒二万"，作为先头部队，进行试探性进攻，项羽本人则率领大军在后面压阵。先头部队战事比较顺利，在"陈余复请兵"的情况下，项羽才"悉引兵"，率领全部军队渡河，破釜沉舟。

《史记·黥布列传》也有相关记载："项籍使布先渡河击秦，布数

---

① 中国历史（七年级上册）［M］. 北京：人民教育出版社，2016：50.
② 司马迁. 史记［M］. 北京：中华书局，1982：307.

有利，籍乃悉引兵涉河从之，遂破秦军，降章邯等。楚兵常胜，功冠诸侯。诸侯兵皆以服属楚者，以布数以少败众也。"[①] 这也说明，英布率领的两万人是"先渡河击秦"的楚军先头部队，英布"数有利"，率领这两万人取得多次胜利之后，项羽才"悉引兵涉河从之"，率领楚军主力渡河，楚军主力应远远超过两万人。

实际上，我们并不知道项羽所率领的楚军总人数，只是知道总数远远超过两万人而已。正因如此，《辞源》《新华成语字典》等较为权威的词典介绍破釜沉舟时，均不说明楚军的总人数。这种审慎的态度无疑是很可取的。

课本的作者读《史记》不细心，误把先头部队的两万人当成楚军的总兵力，出现了"项羽……率领两万人前往救援"这样的硬伤，是很不应该的。考虑到教材的权威性和影响的广泛性，这一问题值得引起重视。

第四节　修订本《史记》中的纪日问题

中华书局点校本《史记》是在学界流传最广、影响最大的史学典籍之一，其校勘与修订向来引人注目。《史记》中原本存在大量的干支纪日方面的问题，2013 年修订本《史记》进行了许多修正，然而尚有遗漏。笔者发现若干条，不揣愚昧，草成此文，以就正于方家。

在论述之前，先说一下朔闰表的使用。长期以来，陈垣先生编著的《二十史朔闰表》都是读史者的必备工具书，然而随着出土简牍的增多，学者们逐渐发现该表与秦汉简牍有部分不合之处，主要表现为部分朔日相差一天，因此张培瑜、李忠林、陈久金、张闻玉等许多学者都进

---

① 司马迁. 史记 [M]. 北京：中华书局，1982：2598.

行过修正。其中，张培瑜先生发表于《中原文物》2007 年第 5 期的《根据新出历日简牍试论秦和汉初的历法》、李忠林先生发表于《中国史研究》2012 年第 2 期的《秦至汉初（前 246 至前 104）历法研究——以出土历简为中心》，考证出的朔闰表均与简牍、传世文献一致，具有较好的参考价值。鉴于秦汉历法的复杂性，只有在同时满足以下两个条件时，才认为某条干支纪日有误：第一，该干支纪日在所有的学者（不限于张培瑜、李忠林两位先生）考证出的朔闰表中都不成立。第二，《史记》《汉书》中存在（或者是，能通过确凿的证据得到）其他形式的干支纪日，且该纪日在所有学者的朔闰表中都成立。

（1）《史记·惠景间侯者年表》"魏其"条："（景帝）三年六月乙巳，侯窦婴元年。"① 景帝三年六月壬子朔，六月无乙巳。此处干支纪日有误。《汉书·外戚恩泽侯表》也写为"六月乙巳"②，亦误。《史记·孝景本纪》的相关记载与此不同，写为："（景帝三年）六月乙亥……封大将军窦婴为魏其侯。"③ 六月乙亥为六月二十四日，能解释通，当以《史记·孝景本纪》为是。

（2）《史记·建元以来侯者年表》"翕"条："（武帝元光）四年七月壬午，侯赵信元年。"④ 元光四年七月丁酉朔，七月无壬午。此处干支纪日有误。《汉书·景武昭宣元成功臣表》的相关记载为："（武帝元光）四年十月壬午封"⑤，十月壬申朔，十月壬午为十月十一日，能解释通，当以《汉书·景武昭宣元成功臣表》为是。

（3）《史记·建元以来侯者年表》"騠兹"条："（武帝元封）四年十一月丁卯，侯稽谷姑元年。"⑥ 元封四年十一月壬午朔，十一月无丁

① 司马迁. 史记 [M]. 北京：中华书局，1982：1198.
② 班固. 汉书 [M]. 北京：中华书局，1962：685.
③ 司马迁. 史记 [M]. 北京：中华书局，1982：555.
④ 司马迁. 史记 [M]. 北京：中华书局，1982：1220.
⑤ 班固. 汉书 [M]. 北京：中华书局，1962：642.
⑥ 司马迁. 史记 [M]. 北京：中华书局，1982：1247.

卯。此处干支纪日有误。《汉书·景武昭宣元成功臣表》的相关记载为："（武帝元封）四年十一月丁未封"①，十一月丁未为十一月二十六日，能解释通，当以《汉书·景武昭宣元成功臣表》为是。

（4）《史记·建元已来王子侯者年表》"陉城"条："（武帝元朔）三年三月癸酉，侯刘义元年。"② 元朔三年三月辛丑朔，三月无癸酉。此处干支纪日有误。《汉书·王子侯表》的相关记载为："（武帝元朔三年）三月乙卯封"③（需要注意的是，《史记》《汉书》记载的刘义封地有所不同，《史记》写为"陉城"，《汉书》写为"陆地"），三月乙卯为三月十五日，能解释通，当以《汉书·王子侯表》为是。

（5）《史记·惠景间侯者年表》"辉渠"条："（武帝元狩）三年七月壬午，悼侯扁訾元年。"

（6）《史记·惠景间侯者年表》"河綦"条："（武帝元狩）三年七月壬午，康侯乌犁元年。"

（7）《史记·惠景间侯者年表》"常乐"条："（武帝元狩）三年七月壬午，肥侯稠雕元年。"④

元狩三年七月甲午朔，七月无壬午，以上三条干支纪日皆误。《汉书·景武昭宣元成功臣表》也写为："（武帝元狩三年）七月壬午"⑤，亦误。"三年"当改为"二年"。理由是：三人因跟随匈奴浑邪王投降而封侯，表中浑邪王受封时间为二年七月壬午，即七月十三日，三人受封时间不应晚于浑邪王一年整。且《史记·霍去病传》的相关记载为："元狩二年……既至长安，天子所以赏赐者数十巨万。封浑邪王万户，为漯阴侯。封其裨王呼毒尼为下摩侯，鹰庇为辉渠侯，禽犁为河綦侯，

---

① 班固. 汉书 [M]. 北京：中华书局，1962：660.
② 司马迁. 史记 [M]. 北京：中华书局，1982：1292.
③ 班固. 汉书 [M]. 北京：中华书局，1962：457.
④ 以上三条见于司马迁. 史记 [M]. 北京：中华书局，1982：1233-1235.
⑤ 班固. 汉书 [M]. 北京：中华书局，1962：649-650.

大当户铜离为常乐侯。"① 《汉书·霍去病传》的相关记载为："封浑邪王万户，为漂阴侯。封其裨王呼毒尼为下摩侯，雁庇为辉渠侯，禽黎为河綦侯，大当户调虽为常乐侯。"② 除个别文字差异之外，《史记》《汉书》都明确说，三人与浑邪王同时受封，所以三人的受封时间也应当在元狩二年。

（8）《史记·建元以来侯者年表》"下摩"条："（武帝元狩）二年六月乙亥，侯呼毒尼元年。"③ 元狩二年六月庚子朔，六月无乙亥。此处干支纪日有误。《汉书·景武昭宣元成功臣表》也写为"六月乙亥"④，亦误。"六月乙亥"应当改为"七月壬午"。通过上文所引《史记》《汉书》中的《霍去病传》可知，呼毒尼与浑邪王同时受封，均为七月壬午，绝不可能地位低的呼毒尼反而先于浑邪王一个月受封。

（9）《史记·高祖功臣侯者年表》"临辕"条："（高祖）十一年二月乙酉，坚侯戚鳃元年。"⑤ 高祖十一年二月丁亥朔，二月无乙酉。此处干支纪日有误。《汉书·高惠高后文功臣表》也写为"二月乙酉"⑥，亦误。"二月乙酉"应当改为"二月己酉"。理由是：表中诸侯以受封时间为序进行排列。其前，须昌侯赵衍封于二月己酉（二十三日），其后，汾阳侯靳强封于二月辛亥（二十五日），戚鳃的受封时间只能是己酉、庚戌（二十四日）、辛亥三者之一。很显然，"乙酉"是"己酉"之误。

（10）《史记·高祖功臣侯者年表》"汲"条："（高祖）十一年二月己巳，终侯公上不害元年。"⑦ 高祖十一年二月丁亥朔，二月无己巳。

① 司马迁. 史记［M］. 北京：中华书局，1982：3524-3528.
② 班固. 汉书［M］. 北京：中华书局，1962：2482.
③ 司马迁. 史记［M］. 北京：中华书局，1982：1233.
④ 班固. 汉书［M］. 北京：中华书局，1962：649.
⑤ 司马迁. 史记［M］. 北京：中华书局，1982：1125-1126.
⑥ 班固. 汉书［M］. 北京：中华书局，1962：604.
⑦ 司马迁. 史记［M］. 北京：中华书局，1982：1126.

此处干支纪日有误。《汉书·高惠高后文功臣表》的相关记载为："（高祖十一年）二月乙酉封"①，二月无乙酉，亦误。"二月己巳"应当改为"二月己酉"。理由是：表中诸侯以受封时间为序进行排列。其前，须昌侯赵衍封于二月己酉（二十三日），其后，汾阳侯靳强封于二月辛亥（二十五日），公上不害的受封时间当是己酉、庚戌、辛亥三者之一。很显然，"己巳"是"己酉"之误。《史记》"己"字不误，误"酉"为"巳"；《汉书》"酉"字不误，误"己"为"乙"。《史记》《汉书》都有正确的一面，也都有错误的一面，拼合起来恰好可以得到正确答案。

（11）《史记·高祖功臣侯者年表》"成阳"条："（高祖）十二年正月乙酉，定侯意元年。"② 高祖十二年正月壬子朔，正月无乙酉。此处干支纪日有误。《汉书·高惠高后文功臣表》也写作"正月乙酉"③，亦误。"正月乙酉"应当改为"正月乙丑"，理由是：第一，谷陵侯冯溪、庄侯许倩等击陈豨封侯者，均封于正月乙丑。成阳侯由于同样的原因受封，应是同日受封。第二，正月有乙丑，为正月十四日，且"丑"和"酉"形近，容易形近致误。

（12）《史记·高祖功臣侯者年表》"义陵"条："（高祖）九年九月丙子，侯吴程元年。"④ 高祖九年九月乙未朔，九月无丙子。此处干支纪日有误。《汉书·高惠高后文功臣表》也写作"九月丙子"⑤，亦误。笔者认为，"九月"当改为"四月"，理由是：表中诸侯以时间为序进行排列。吴程前后诸侯受封时间均为四月，那么吴程也应受封于四月，而非九月。而且四月恰好有丙子，为四月九日。

---

① 班固. 汉书［M］. 北京：中华书局，1962：605.
② 司马迁. 史记［M］. 北京：中华书局，1982：1136–1137.
③ 班固. 汉书［M］. 北京：中华书局，1962：613.
④ 司马迁. 史记［M］. 北京：中华书局，1982：1116.
⑤ 班固. 汉书［M］. 北京：中华书局，1962：596.

（13）《史记·惠景间侯者年表》"轵"条："（文帝）元年二月乙巳，侯薄昭元年。"① 本卷校勘记说："'二月'，景佑本、绍兴本、耿本、黄本、彭本、柯本、凌本、殿本作'四月'。《汉书·外戚恩泽侯表》作'正月'。"② 校勘记只罗列分歧处，未做判断。经查，文帝元年二月戊申朔，二月无乙巳。正文干支纪日有误。四月丁未朔，四月无乙巳，景佑本、绍兴本等的干支纪日亦误。正月己卯朔，正月乙巳为正月二十七日。当以《汉书·外戚恩泽侯表》为是。

（14）《史记·建元以来侯者年表》"缭嫈"条："（武帝元封）元年五月乙卯，侯刘福元年。"③ 校勘记说："梁玉绳《志疑》卷一三：'元封元年五月丙寅朔，无乙卯，疑当作己卯。'按：各家历表并谓元封元年五月丁卯朔，梁说不确。"④ 校勘记所言不准确，汪曰桢《历代长术辑要》、司马光《资治通鉴》所收刘羲叟《长历》、罗振玉《纪元以来朔闰考》等都说武帝元封元年五月丙寅朔⑤。梁玉绳之说并非没有依据。更何况不管是丙寅朔，还是丁卯朔，都确如梁玉绳所说，元封元年五月无乙卯。正文干支纪日有误。《汉书·景武昭宣元成功臣表》的相关记载为："（武帝元封元年）正月乙卯封"⑥，正月戊辰朔，正月无乙卯，亦误。"五月乙卯"应当改为"闰月癸卯"，即闰九月十日。有两个理由：第一，《史记·东越列传》中的相关记载为："封繇王居股为东成侯，万户；封建成侯敖为开陵侯；封越衍侯吴阳为北石侯；封横海将军说为案道侯；封横海校尉福为缭嫈侯。"⑦ 可见，刘福和东成侯、

① 司马迁. 史记 [M]. 北京：中华书局，1982：1180-1181.
② 司马迁. 史记 [M]. 北京：中华书局，1982：1214.
③ 司马迁. 史记 [M]. 北京：中华书局，1982：1244.
④ 司马迁. 史记 [M]. 北京：中华书局，1982：1267.
⑤ 方诗铭，方小芬. 中国史历日和中公历日对照表 [M]. 上海：上海辞书出版社，1987：184.
⑥ 班固. 汉书 [M]. 北京：中华书局，1962：657.
⑦ 司马迁. 史记 [M]. 北京：中华书局，1982：3589-3590.

开陵侯等人应该是同时受封。第二，在《史记·建元以来侯者年表》中，东成侯、开陵侯、御儿侯等击东越有功者，均于"（武帝元封）元年闰月癸卯"受封，也说明众人是同日受封，受封时间为元封元年闰月癸卯。

（15）《史记·高祖功臣侯者年表》"东武"条："（高祖）六年正月戊午，贞侯郭蒙元年。"① 高祖六年正月丙戌朔，正月无戊午。此处干支纪日有误。《汉书·高惠高后文功臣表》也写为"正月戊午"②，亦误。"正月"应当改为"二月"，理由是：表中诸侯以受封时间为序进行排列。其前，新阳侯吕清封于正月壬子（二十七日），其后，汁方侯雍齿封于三月戊子（四日），郭蒙封于二者之间，二月的可能性较大。且二者之间仅二月有戊午，为二月三日。

（16）《史记·高祖功臣侯者年表》"长修"条："（高祖）十一年正月丙辰，平侯杜恬元年。"③ 高祖十一年正月丁巳朔，正月无丙辰。此处干支纪日有误。《汉书·高惠高后文功臣表》的相关记载为："（高祖十一年）三月丙戌封"④，三月丙辰朔，三月无丙戌，亦误。我认为，应当改为"正月丙戌"。理由是：杜恬前后诸侯受封时间均为正月，则杜恬也应封于正月。正月有丙戌，为正月三十日。《史记》月份正确，误"戌"为"辰"，《汉书》干支正确，误"正"为"三"，均为形近致误，将两者的正确部分拼凑起来，恰好可以得到正确答案。

（17）《史记·惠景间侯者年表》"垣"条："（景帝）中三年十二月丁丑，侯赐元年。"

（18）《史记·惠景间侯者年表》"遒"条："（景帝）中三年十二月丁丑，侯隆强元年。"

---

① 司马迁. 史记 [M]. 北京：中华书局，1982：1071.
② 班固. 汉书 [M]. 北京：中华书局，1962：555.
③ 司马迁. 史记 [M]. 北京：中华书局，1982：1122.
④ 班固. 汉书 [M]. 北京：中华书局，1962：601.

（19）《史记·惠景间侯者年表》"容成"条："（景帝）中三年十二月丁丑，侯唯徐卢元年。"

（20）《史记·惠景间侯者年表》"易"条："（景帝）中三年十二月丁丑，侯仆黥元年。"

（21）《史记·惠景间侯者年表》"范阳"条："（景帝）中三年十二月丁丑，端侯代元年。"

（22）《史记·惠景间侯者年表》"翕"条："（景帝）中三年十二月丁丑，侯邯郸元年。"①

景帝中三年十二月甲辰朔，十二月无丁丑，以上六条干支纪日皆误。《汉书·景武昭宣元成功臣表》中的相关记载也都写作"十二月丁丑"②，亦误。六人皆"以匈奴王降，侯"。《史记·孝景本纪》："中三年……春，匈奴王二人率其徒来降，皆封为列侯……三月，彗星出西北。"③ 可见六人封侯的时间应该在景帝中三年春天，三月之前，即春正月或二月，而非十二月。我认为，"十二月丁丑"应为"正月丁丑"，理由是：正月有丁丑，为正月五日，且"正"字与竖写"十二"形近，易误。

（23）《史记·建元已来王子侯者年表》"皋虞"条："（武帝元鼎）元年五月丙午，侯刘建元年。"④ 校勘记说："《汉书·王子侯表》上：'元封元年五月丙午封，九年薨。太初四年，稺侯定嗣。'知侯建始封于元封元年，此误上一格。"⑤《史记》《汉书》的记载有冲突，校勘者在未有明确证据的条件下，倾向于认为《汉书》正确。这种看法值得商榷。我们可以找到一条对《史记》有利的证据：元鼎元年五月壬寅

---

① （17）—（22）见于司马迁. 史记［M］. 北京：中华书局，1982：1205-1207.

② 班固. 汉书［M］. 北京：中华书局，1962：639-640.

③ 司马迁. 史记［M］. 北京：中华书局，1982：559.

④ 司马迁. 史记［M］. 北京：中华书局，1982：1314.

⑤ 司马迁. 史记［M］. 北京：中华书局，1982：1321-1322.

朔，五月丙午为五月五日。《史记》的干支纪日完全正确。元封元年五月丁卯朔，五月无丙午。《汉书》的干支纪日肯定是错的。从干支纪日来看，《汉书》记载不一定准确，不应从《汉书》。

（24）《史记·孝景本纪》："（后元元年）五月丙戌，地动，其蚤食时复动。"《集解》注为："徐广曰：'丙，一作甲。'"① 景帝后元元年五月戊寅朔，丙戌为五月九日，五月无甲戌。《集解》的干支纪日有误，不足取。

另外，还有若干条干支纪日只能发现有错误，而不能明确正确答案是什么。姑且列出，并给出大致的推断，以供学者们进一步研究：

（25）《史记·高祖功臣侯者年表》"柳丘"条："（高祖）六年六月丁亥，齐侯戎赐元年。"

（26）《史记·高祖功臣侯者年表》"魏其"条："（高祖）六年六月丁亥，庄侯周定元年。"

（27）《史记·高祖功臣侯者年表》"祁"条："（高祖）六年六月丁亥，谷侯缯贺元年。"

（28）《史记·高祖功臣侯者年表》"平"条："（高祖）六年六月丁亥，悼侯沛嘉元年。"②

高祖六年六月甲寅朔，六月无丁亥。以上四条皆有误。《汉书·高惠高后文功臣表》也写作"六月丁亥"③，亦误。由于缺乏其他旁证，我们只能进行合理推测。表中诸侯以受封时间为序进行排列。其前，故市侯阎泽赤封于高祖六年四月癸未（二十九日），其后，阿陵侯郭亭封于七月庚寅（初七）。这是我们进行推断的时间范围限制。假定"丁亥"二字无误，那么"六月"应当改为"五月"。五月乙酉朔，五月丁亥即为五月初三。假定"六月"二字无误，那么"丁亥"可以修正为

---

① 司马迁. 史记 [M]. 北京：中华书局，1982：562.
② 以上四条见于司马迁. 史记 [M]. 北京：中华书局，1982：1081-1083.
③ 班固. 汉书 [M]. 北京：中华书局，1962：563-565.

"丁巳"（初四）、"丁卯"（十四日）、"丁丑"（二十四日）、"癸亥"（十日）、"乙亥"（二十二日）。从字形的角度来看，"丁亥"改为"乙亥"最合理，字形最接近，其次是"六月"改为"五月"。其余的字形差距较大，可能性较小。

（29）《史记·高祖功臣侯者年表》"衍"条："（高祖）十一年七月乙巳，简侯翟盱元年。"① 七月乙卯朔，七月无乙巳。此处干支纪日有误。校勘记注意到《汉书》作七月"己丑"②，与《史记》不同，但七月无己丑，《汉书》亦误。不能确定正确日期。若假定《史记》中的"乙"字不误，那么可能的正确日期是："乙丑"（十一日）、"乙亥"（二十一日）；若假定《史记》中的"巳"字不误，那么可能的正确日期是："丁巳"（初三）、"乙巳"（十五日）、"癸巳"（二十七日）；若假定《汉书》中的"己"字不误，那么可能的正确日期是："己未"（初五）、"己巳"（十五日）、"己卯"（二十五日）；若假定《汉书》中的"丑"字不误，那么可能的正确日期是："乙丑"（十一日）、"丁丑"（二十三日）。从字形的角度来看，"乙丑"的可能性最大，它跟《史记》中的"乙巳"、《汉书》中的"己丑"，都非常接近。

（30）《史记·高祖功臣侯者年表》"宁"条："（高祖）八年四月辛卯，庄侯魏选元年。"③ 校勘记说："梁玉绳《志疑》卷一一：'吴房之封是三月辛卯，安得四月又有辛卯？盖辛酉之讹也。'张文虎《札记》卷二：'四月无辛卯。'"④ 除梁玉绳所说干支纪日错误的情况，还存在月份错误的可能性："四月"可改为"五月"，高祖八年五月癸酉朔，五月辛卯为五月十九日。所以，不能确定到底错误出在哪里。

（31）《史记·孝景本纪》："（景帝后元元年）八月壬辰，以御史

① 司马迁. 史记［M］. 北京：中华书局，1982：1129.
② 司马迁. 史记［M］. 北京：中华书局，1982：1157.
③ 司马迁. 史记［M］. 北京：中华书局，1982：1109-1110.
④ 司马迁. 史记［M］. 北京：中华书局，1982：1155.

大夫绾为丞相，封为建陵侯。"① 这段记载存在两个问题：第一，卫绾被封为建陵侯的时间是在景帝六年（前151）四月丁卯，见《史记·惠景间侯者年表》《汉书·景武昭宣元成功臣表》②，而不是后元元年（前143），更不是当上丞相的时候封侯。"封为建陵侯"写在这里并不合适，会给读者造成误解。笔者怀疑这几个字本来是小字注释，后来误入正文。第二，景帝后元元年八月丁未朔，八月无壬辰。《史记·汉兴以来将相名臣年表》《汉书·百官公卿表》也写为"八月壬辰"③，亦误。《汉书》的相关记载为："七月丙午丞相免。八月壬辰，御史大夫卫绾为丞相。"七月丙午即七月三十日，是七月的最后一天，可见卫绾八月为丞相当属事实。如果假定"壬"字正确，那么可能的正确日期是："壬子"（初六）、"壬戌"（十六日）、"壬申"（二十六日）；如果假定"辰"字正确，那么可能的正确日期是："丙辰"（十日）、"戊辰"（二十二日）。从字形的角度来看，"壬戌"的可能性最大。

　　干支纪日的问题比较复杂，当发现有错误时，一般有这么几种方法：（1）查阅《史记》《汉书》，看是否有针对同一事件的不同而合理的时间记载。（2）查阅《史记》《汉书》，看是否能根据各种限制条件，推导出相对合理的干支纪日。（3）根据历表中的朔望情况，以形近为原则，看是否能找出尽量形近的干支纪日。第一种方法是最可靠的，第二、第三种方法需要配合其他方法使用，可靠性才会比较高，单独采用，就难以确定唯一的日期。

　① 司马迁. 史记［M］. 北京：中华书局，1982：562.

　② 司马迁. 史记［M］. 北京：中华书局，1982：1200. 班固. 汉书［M］. 北京：中华书局，1962：636.

　③ 司马迁. 史记［M］. 北京：中华书局，1982：1336. 班固. 汉书［M］. 北京：中华书局，1962：765-766.

第五节　《汉书》诸表勘误札记

笔者在校勘《史记》《汉书》诸表的过程中，发现了百余处错误。这些错误有很多都在《汉书补注》中有正确答案，但中华书局点校本却很少采纳《汉书补注》的正确意见。这大概是因为点校者是文科生，可能有点排斥数学计算，比如《汉书·诸侯王表》涉及一个数学计算错误为 8+2＝12，如此明显的错误都没有出注。笔者将《汉书补注》未涉及的若干条，以《修订本〈史记〉中的纪日问题》为题，发表在《渭南师范学院学报》2017 年第 13 期上，以《〈汉书〉之〈诸侯王表〉〈王子侯表〉勘误札记》为题，发表在《唐都学刊》2020 年第 4 期上。当然，《汉书补注》所言较为简略，没有非常细致地对问题进行说明，这也导致文科学者很难理解其中的逻辑。因此，本节对其中的错误之处进行详细说明。而且《汉书补注》的辨析也存在一些小问题，主要是过于相信数学计算的结果，有时得出的结论存在只考虑一种可能性，而忽略了其他可能性的情况。笔者会在对此进行辨析。凡是《汉书补注》中出现过的错误，均在文中进行标注。无标注者，则是笔者的一点浅见。

一、《汉书·诸侯王表》

（1）"齐悼惠王肥"条："孝惠七年（前 188），哀王襄嗣，十二年薨。孝文二年（前 178），文王则嗣……"① 孝惠七年与孝文二年相距十年，与文中"十二年"不合，其中必定有误。错误之处可能有：哀

---

① 班固. 汉书 [M]. 北京：中华书局，1962：398.

王在位的起始时间（"孝惠七年"）、结束时间（孝文元年）、时间间隔（"十二年"）。齐悼惠王薨于孝惠六年、其子哀王嗣位于孝惠七年，《史记·汉兴以来诸侯王年表》（以下简称《史记·诸侯王表》）、《史记·齐悼惠王世家》《汉书·高五王传》① 均可证，可见起始时间无误。哀王薨于汉文帝元年、文王嗣位于汉文帝二年，《史记·诸侯王表》《史记·齐悼惠王世家》《汉书·高五王传》② 均可证，可见结束时间无误。所以，错误在于时间间隔的计算。哀王在位时间为公元前188年至公元前179年，共计十年，"十二年"有误。《史记·诸侯王表》亦可证③。此条见于《汉书补注》④。

以下诸条的论证方法多有与此相同者，为节省篇幅起见，在行文中仅指出错误之处和证据所在，不再详细展开。读者当能根据本条自行推断。

（2）"齐悼惠王肥"条："孝景四年（前153），懿王寿嗣，<u>二十三年</u>薨。元光四年（前131），厉王次昌嗣……"⑤ 据此，懿王在位时间为公元前153年至公元前132年，共计二十二年，与文中的"二十三年"不合。懿王卒于元光三年，厉王嗣位于元光四年，《史记·诸侯王表》可证。⑥《史记·齐悼惠王世家》："齐懿王立二十二年卒，子次景

---

① 司马迁. 史记［M］. 北京：中华书局，1982：815，1999-2000. 第1999页说"悼惠王……以惠帝六年卒"，第2000页说"哀王元年，孝惠帝崩"，均可证。班固. 汉书［M］. 北京：中华书局，1962：1991："齐哀王襄，孝惠六年嗣立"，其意为汉惠帝六年齐悼惠王去世，哀王于同年嗣位，但哀王元年应该从汉惠帝七年算起。
② 司马迁. 史记［M］. 北京：中华书局，1982：826-827，2004-2005."孝文帝元年……是岁，齐哀王卒，太子则立，是为文王"。班固. 汉书［M］. 北京：中华书局，1962：1996.
③ 司马迁. 史记［M］. 北京：中华书局，1982：826. 该页于"齐"条处有"十"字，即指齐哀王在位时间为十年。
④ （汉）班固撰，（清）王先谦补注，上海师范大学古籍整理研究所整理. 汉书补注［M］. 上海：上海古籍出版社，2012：528.
⑤ 班固. 汉书［M］. 北京：中华书局，1962：398-399.
⑥ 司马迁. 史记［M］. 北京：中华书局，1982：857.

立，是为厉王。"可证二十二年无误①。因此，错误之处应该是"二十三年"。另外，《汉书·高五王传》也作"二十三年"②，亦误。

（3）"楚元王交"条："元朔元年（前128），襄王注嗣，十二年薨。元鼎元年（前116），节王纯嗣，十六年薨……"③ 文中有三处错误：第一，"元鼎元年"当改为"元鼎三年"，《史记·诸侯王表》可证，也可以由《史记·楚元王世家》推算得出。第二，襄王在位时间是公元前128年至公元前115年，因此"十二年薨"应改为"十四年薨"。《史记·诸侯王表》《史记·楚元王世家》均可证。第三，节王在位时间缩短两年，也应当由"十六年"改为"十四年"。《汉书·楚元王传》亦言节王在位时间十六年，亦误。④

（4）"菑川"条："元封二年（前109），顷王遗嗣，三十五年薨。元平元年（前74），思王终古嗣……初元三年（前46），考王尚嗣，六年薨。永光四年（前40），考王横嗣……"⑤ 这里有三个疑问：第一，顷王在位时间，此处与《汉书·高五王传》均作"三十五年"，《史记·齐悼惠王世家》作"三十六年"。第二，刘尚谥号，此处与《汉书·高五王传》均作"考王"，《史记·齐悼惠王世家》作"孝王"。第三，刘尚在位时间，此处作"六年"，《史记·齐悼惠王世家》《汉书·高五王传》均作"五年"。⑥ 以上三点，未知孰是。第三条见于《汉书补注》，王先谦认为"五年"是准确的。⑦

---

① 司马迁. 史记［M］. 北京：中华书局，1982：2006.
② 班固. 汉书［M］. 北京：中华书局，1962：1999.
③ 班固. 汉书［M］. 北京：中华书局，1962：398.
④ 司马迁. 史记［M］. 北京：中华书局，1982：867，1989. 班固. 汉书［M］. 北京：中华书局，1962：1925.
⑤ 班固. 汉书［M］. 北京：中华书局，1962：400.
⑥ 司马迁. 史记［M］. 北京：中华书局，1982：2011. 班固. 汉书［M］. 北京：中华书局，1962：2001-2002.
⑦ （汉）班固撰，（清）王先谦补注，上海师范大学古籍整理研究所整理. 汉书补注［M］. 上海：上海古籍出版社，2012：530.

（5）"河间"条："孝文二年<u>三月</u>乙卯，文王辟强嗣以幽王子立……"① "三月"，文中原作"二月"，不误，点校者据《汉书补注》之说，误改。理由有三：第一，二月乙卯为二月十三日，三月无乙卯。第二，《史记·诸侯王表》也作"二月乙卯"，可证。第三，据《史记·孝文本纪》《汉书·文帝纪》，刘辟强和刘章、刘兴居、刘武、刘参、刘揖同时封王。《史记》《汉书》相关表中，五人封王时间均在二月乙卯，亦可证。另外，《史记·孝文本纪》《汉书·文帝纪》也作"三月"，亦误。②

（6）"赵共王恢"条："（高祖）十一年<u>三月</u>丙午，为梁王"③。文中"三月"有误，当作"二月"。理由有二：第一，二月丙午为二月二十日，三月无丙午。这是最准确无误的证据。第二，《史记·诸侯王表》也作"二月丙午"④，可证。朱一新指出应作"二月"是准确的，王先谦根据《高祖本纪》认为应该作"三月"，是错的。⑤

（7）"济川"条："建元三年，坐杀<u>中傅</u>，废迁房陵。"⑥ "中傅"，《史记·诸侯王表》同，《史记·梁孝王世家》《汉书·文三王传》均作"中尉"，《汉书·武帝纪》作"太傅、中傅"。⑦ 被杀者共涉及太傅、中尉、中傅等三人。太傅、中尉均为两千石高官，地位远高于中傅。故可单言杀太傅或杀中尉，而不能单言杀中傅，故此处很可疑。有两种可能性：第一，此处有误，当改为太傅或中尉。第二，原文为中

---

① 班固. 汉书 [M]. 北京：中华书局，1962：405.
② 司马迁. 史记 [M]. 北京：中华书局，1982：423，827-828. 班固. 汉书 [M]. 北京：中华书局，1962：117，399-409.
③ 班固. 汉书 [M]. 北京：中华书局，1962：404.
④ 司马迁. 史记 [M]. 北京：中华书局，1982：811.
⑤ （汉）班固撰，（清）王先谦补注，上海师范大学古籍整理研究所整理. 汉书补注 [M]. 上海：上海古籍出版社，2012：535.
⑥ 班固. 汉书 [M]. 北京：中华书局，1962：407.
⑦ 司马迁. 史记 [M]. 北京：中华书局，1982：853，2088. 班固. 汉书 [M]. 北京：中华书局，1962：158，2213.

傅，后人不明中傅为何官而误改为太傅或中尉。

（8）"代孝王参"条："（孝文前二年，前178）二月乙卯，立为太原王……七年薨。孝文后二年（前161），恭王登嗣……"① 据此，代孝王刘参在位时间为公元前178年至公元前162年，当为"十七年"，与文中的"七年"不合。代孝王刘参在位十七年，直接出现在《史记·诸侯王表》《史记·梁孝王世家》《汉书·文三王传》中，皆可证"十七年"是正确的②。此条见于《汉书补注》。③

（9）"清河"条："元光三年（前132），刚王义嗣……三十八年薨。太始三年（前94），顷王阳嗣，二十五年薨。地节元年（前69），王年嗣，四年……废迁房陵……"④《汉书·文三王传》中记载各王在位时间与此不同，分别作"四十年""二十四年""三年"，未知孰是。⑤ 此条见于《汉书补注》。《汉书补注》没有发现顷王刘阳在位时间的不同，只是发现刚王刘义、王刘年在位时间的不同，认为《诸侯王表》是对的，《文三王传》是错的。⑥

（10）"河间献王德"条："元光六年（前129），共王不周嗣……元朔四年（前125），刚王基嗣……元鼎四年（前113），顷王缓嗣，十七年薨。天汉四年（前97），孝王庆嗣……"⑦ 文中有多处问题：第一，顷王在位时间为公元前113年至公元前98年，共计16年，与文中的"十七年"不合。《汉书·景十三王传》亦作"十七年"，未知孰是。

---

① 班固. 汉书 [M]. 北京：中华书局，1962：409.

② 司马迁. 史记 [M]. 北京：中华书局，1982：837，2081. 班固. 汉书 [M]. 北京：中华书局，1962：2211.

③ （汉）班固撰，（清）王先谦补注，上海师范大学古籍整理研究所整理. 汉书补注 [M]. 上海：上海古籍出版社，2012：539.

④ 班固. 汉书 [M]. 北京：中华书局，1962：409.

⑤ 班固. 汉书 [M]. 北京：中华书局，1962：2211-2212.

⑥ （汉）班固撰，（清）王先谦补注，上海师范大学古籍整理研究所整理. 汉书补注 [M]. 上海：上海古籍出版社，2012：539.

⑦ 班固. 汉书 [M]. 北京：中华书局，1962：409.

第二，"共王不周"，当从《史记·诸侯王表》《史记·五宗世家》《汉书·景十三王传》，作"共王不害"。"顷王缓"，当从《史记·诸侯王表》《史记·五宗世家》《汉书·景十三王传》，作"顷王授"。"刚王基"，《史记·五宗世家》同，《史记·诸侯王表》《汉书·景十三王传》作"刚王堪"，未知孰是。① 此条见于《汉书补注》。《汉书补注》仅仅根据数学计算，就认为应该是"十六年"，未免不够谨慎。② 读者可能会发现，笔者和《汉书补注》在这一问题上有一个重要区别：王先谦主要以数学计算的结果为准，与之相冲突的，往往就判定为错。笔者则在数学计算的基础上，寻求他证，有他证的才是对的，数学计算的结果可以发现矛盾，可供参考，但未必完全准确，这是因为参与计算的前后时间也有可能存在错误。如果没有他证，笔者就断定为存疑，不轻易下判断。

（11）"鲁共王余"条："（景帝前二年，前155）三月甲寅，立为淮阳王，二年徙鲁，二十八年薨。元朔元年（前128），安王光嗣……阳朔二年（前23），文王畯嗣，十九年薨"③。文中"二十八年"有误，当作"二十七年"。错误产生的原因可能是：刘余先做了两年淮阳王，又做了二十六年鲁王，班固误将两者相加得二十八年。实际上，淮阳王二年和鲁王元年为同一年。《汉书·景十三王传》也作"二十八年"，亦误。另外，刘畯在位时间，《汉书·景十三王传》作"十八年"，未知孰是。④ 此条见于《汉书补注》。⑤

① 司马迁. 史记 [M]. 北京：中华书局，1982：858，860，868，2094. 班固. 汉书 [M]. 北京：中华书局，1962：2411.
② （汉）班固撰，（清）王先谦补注，上海师范大学古籍整理研究所整理. 汉书补注 [M]. 上海：上海古籍出版社，2012：540.
③ 班固. 汉书 [M]. 北京：中华书局，1962：410.
④ 班固. 汉书 [M]. 北京：中华书局，1962：2413.
⑤ （汉）班固撰，（清）王先谦补注，上海师范大学古籍整理研究所整理. 汉书补注 [M]. 上海：上海古籍出版社，2012：541.

（12）"<u>广世</u>"条①：《汉书·地理志》并无地名"广世"，《汉书补注》引《水经注》："圈称曰：襄邑有蛇丘亭，故广乡矣，改曰广世。"② 据此，广世仅为一亭，不能成为王国，有误。《汉书·景十三王传》作"广陵"，《汉书·平帝纪》作"广川"。③《汉书补注》也发现这一问题，但是并未下结论。笔者怀疑应该是"广川"，理由是：当时的广陵王另有其人，即广陵靖王刘守④；且"川"字与"世"字形近，易误。《汉书·诸侯王表》文末的"孝平时东平、中山、广德、广世、广宗五国，皆绝嗣"⑤，"广世"也当改为"广川"。

（13）"赵敬肃王彭祖"条："（景帝二年，前155）<u>二月</u>甲寅，立为广川王……<u>六十三年</u>薨。征和元年（前92），顷王昌嗣……元康元年（前65）共王充嗣，<u>五十六年</u>薨。元延三年（前10）王隐嗣……"⑥。文中"二月"有误，当作"三月"。理由有二：第一，三月甲寅为三月二十七日，二月无甲寅。第二，《史记·诸侯王表》也作"三月"⑦，可证。第三，《汉书·景帝纪》言彭祖与刘发、刘非、刘余、刘德同日封，《史记》《汉书》相关表中，四人封王时间均在三月甲寅，亦可证。⑧ 另外，《汉书·景十三王传》："彭祖以征和元年薨"，则彭祖在位当为六十四年（前155—前92），而非"六十三年"，顷王元年也当在征和二年。两处记载不同，未知孰是。另外，共王在位时间为公元前65年—公元前11年，共计五十五年，与文中的"五十六年"不合。

---

① 班固. 汉书［M］. 北京：中华书局，1962：411.
② （汉）班固撰，（清）王先谦补注，上海师范大学古籍整理研究所整理. 汉书补注［M］. 上海：上海古籍出版社，2012：542.
③ 班固. 汉书［M］. 北京：中华书局，1962：353，2418.
④ 班固. 汉书［M］. 北京：中华书局，1962：419.
⑤ 班固. 汉书［M］. 北京：中华书局，1962：424.
⑥ 班固. 汉书［M］. 北京：中华书局，1962：412.
⑦ 司马迁. 史记［M］. 北京：中华书局，1982：839-840.
⑧ 班固. 汉书［M］. 北京：中华书局，1962：141，409-413. 司马迁. 史记［M］. 北京：中华书局，1982：839-840.

《汉书·景十三王传》也作"五十六年",未知孰是。①

（14）"胶西于王端"条："（景帝）三年六月乙巳立……"②。"乙巳"二字有误，六月无乙巳，当从《史记·诸侯王表》，作"乙亥"③，即六月二十五日。

（15）"中山靖王胜"条："（景帝三年，前154）六月乙巳立，四十二年薨。元鼎五年（前112），哀王昌嗣，二年薨。元封元年（前110），穗王昆侈嗣，二十一年薨。征和四年（前89），顷王福嗣，三年薨。始元元年（前86），宪王福嗣，十七年薨。地节元年（前69），怀王修嗣，十五年薨，亡后。鸿嘉二年（前19）八月，夷王云客以怀王从父弟子绍封，一年薨，亡后。建平三年（前4），正月壬寅，王汉以夷王弟绍封，十三年，王莽篡位（公元9年），贬为公……"④。此文涉及问题较多。第一，"乙巳"二字有误，当作"乙亥"。参见"胶西于王端"条的说明。第二，中山靖王刘胜在位时间四十二年（公元前154年至公元前113年），《史记·诸侯王表》可证。《汉书·景十三王传》作"四十三年薨"，有误。第三，哀王在位时间仅一年，穗王当于元鼎六年嗣位，《史记·诸侯王表》《汉书·景十三王传》均可证。文中的"二年薨""元封元年"均误。穗王在位二十一年无误，《汉书·景十三王传》可证。则顷王嗣位时间应提前一年，即征和三年，他在位时间则应延长一年，为四年。文中的"征和四年""三年薨"均误。第四，怀王修，《汉书·景十三王传》作"怀王循"，未知孰是。第五，怀王修在位十五年，则当去世于公元前55年。《汉书·景十三王传》于其去世后，作"绝四十五岁"，有误。从公元前54年至公元前20年，当绝三十五岁，而非四十五岁。第六，此处记夷王云客在位仅一年，则当

① 班固. 汉书 [M]. 北京：中华书局，1962：2421.
② 班固. 汉书 [M]. 北京：中华书局，1962：413.
③ 司马迁. 史记 [M]. 北京：中华书局，1982：840-841.
④ 班固. 汉书 [M]. 北京：中华书局，1962：413.

于公元前 19 年去世，与《汉书·景十三王传》所言"绝十四岁"（公
元前 18 年至公元前 5 年）相合，可证《汉书·景十三王传》所言夷王
云客在位三年（"三年薨"）有误。第七，夷王云客之弟名为广汉，
《汉书·景十三王传》《汉书·哀帝纪》可证，本书作"王汉"，有误。
第八，本书记载"王汉"的王位被王莽废除，有误。刘广汉在王莽时
已经去世，被废除者当为汉平帝时被立为王的刘伦。《汉书·景十三王
传》《汉书·平帝纪》均可证。① 第二点、第三点、第四点、第七点见
于《汉书补注》。《汉书补注》对第三条的意见和笔者不同，认为《诸
侯王表》是正确的，并据此修改它处。笔者认为，在有三条旁证的基
础上，还是断定此处有误较好。②

（16）"胶东王"条："（景帝）四年四月<u>乙巳</u>立……"③。"乙巳"
二字有误，四月无乙巳，当从《史记·诸侯王表》《汉书·景帝纪》，
作"己巳"④，即四月二十三日。此条见于《汉书补注》。《汉书补注》
只是列出文字不同，并没有进一步讨论。⑤

（17）"临江愍王荣"条："（景帝）七年十一月<u>乙酉</u>以故皇太子
立……"⑥。"乙酉"二字有误，十一月无乙酉，当从《史记·诸侯王
表》，作"乙丑"⑦，即十一月二十九日。另外，《汉书·景帝纪》作
"（景帝七年）<u>春正月</u>，废皇太子荣为临江王"⑧，"春正月"三字有误，

① 司马迁. 史记［M］. 北京：中华书局，1982：868，870. 班固. 汉书［M］. 北京：中华书局，1962：341，353，2426.
② （汉）班固撰，（清）王先谦补注，上海师范大学古籍整理研究所整理. 汉书补注［M］. 上海：上海古籍出版社，2012：544-545.
③ 班固. 汉书［M］. 北京：中华书局，1962：413.
④ 司马迁. 史记［M］. 北京：中华书局，1982：842. 班固. 汉书［M］. 北京：中华书局，1962：143.
⑤ （汉）班固撰，（清）王先谦补注，上海师范大学古籍整理研究所整理. 汉书补注［M］. 上海：上海古籍出版社，2012：545.
⑥ 班固. 汉书［M］. 北京：中华书局，1962：415.
⑦ 司马迁. 史记［M］. 北京：中华书局，1982：845.
⑧ 班固. 汉书［M］. 北京：中华书局，1962：144.

当删。《史记·景帝纪》作"（景帝）七年冬，废栗太子为临江王"①，亦可证。此条见于《汉书补注》。《汉书补注》只是列出文字不同，并没有进一步讨论。②

（18）"广川惠王越"条："（景帝）中二年（前148）四月乙巳立，十二年薨。建元五年（前136），缪王齐嗣，四十五年薨……元康二年（前64），王汝阳嗣，十五年，甘露四年（前50）杀人，废徙房陵。元始二年（公元2）四月丁酉，静王榆以惠王曾孙戴王子绍封，四年薨。"③ 此文涉及的问题有：第一，惠王刘越在位十二年，《史记·五宗世家》《史记·诸侯王表》均可证④。《汉书·景十三王传》作"十三年"⑤，有误。第二，缪王刘齐在位时间，此处作四十五年，《汉书·景十三王传》作"四十四年"⑥，未知孰是。第三，"汝阳"二字有误，《汉书·宣帝纪》《汉书·景十三王传》均作"海阳"⑦，当从。第四，静王之名，此处作"榆"，《汉书·王子侯表》"襄堤侯圣"条作"伦"，《汉书·景十三王传》作"愈"。三者形近，未知孰是。第五，静王的身份，此处作"戴王子"，有误，当从《汉书·王子侯表》《汉书·景十三王传》，为戴王弟襄堤侯之子。第六，静王在位时间，此处作"四年"，《汉书·景十三王传》作"二年"，未知孰是。第七，《汉书·景十三王传》记海阳之后诸事为："后十五年，平帝元始二年，复立戴王弟襄堤侯子愈为广德王……二年薨。""后十五年"有误，从刘海阳被废徙房陵至静王绍封，之间相隔五十一年，"后十五年"当改为

① 司马迁. 史记 [M]. 北京：中华书局，1982：443.
② （汉）班固撰，（清）王先谦补注，上海师范大学古籍整理研究所整理. 汉书补注 [M]. 上海：上海古籍出版社，2012：546.
③ 班固. 汉书 [M]. 北京：中华书局，1962：415-416.
④ 司马迁. 史记 [M]. 北京：中华书局，1982：854, 2101.
⑤ 班固. 汉书 [M]. 北京：中华书局，1962：2427.
⑥ 班固. 汉书 [M]. 北京：中华书局，1962：2427.
⑦ 班固. 汉书 [M]. 北京：中华书局，1962：272, 2432.

"后五十一年"。① 此条见于《汉书补注》。前四点、第七点见于《汉书补注》。② 在缺乏旁证的情况下，《汉书补注》认为第二点应以此处为准，第四点应为"伦"，笔者则存疑。第七点，《汉书补注》作"五十三"，有误。

（19）"胶东康王寄"条："元狩三年（前120），哀王贤嗣，十四年薨。元封五年（前106），戴王通平嗣"③。此文涉及的问题有：第一，哀王刘贤在位十四年，《史记·诸侯王表》《史记·五宗世家》均可证，《汉书·景十三王传》作"胶东王贤立十五年薨"，有误。第二，哀王之子戴王名为通平，《史记·诸侯王表》《汉书·景十三王传》可证。《史记·五宗世家》作"庆"，有误。徐广在《史记集解》中已发现此误，但他说"一本作'建'"，并未给出正确答案。④ 此条见于《汉书补注》。⑤

（20）"六安"条："元狩二年（前121）七月壬子，恭王庆以康王少子立……本始元年（前73），缪王定嗣，二十三年薨……阳朔二年（前23），王育嗣，三十三年，王莽篡位，贬为公"⑥。此文涉及的问题有：第一，"壬子"二字有误，七月无壬子，当从《史记·诸侯王表》，作"丙子"⑦，即七月八日。徐广在《史记集解》中说"一云壬子"，亦误。第二，此文与《史记·诸侯王表》均言恭王刘庆于元狩二年受

① 班固. 汉书［M］. 北京：中华书局，1962：475，2433.
② （汉）班固撰，（清）王先谦补注，上海师范大学古籍整理研究所整理. 汉书补注［M］. 上海：上海古籍出版社，2012：546，3928.
③ 班固. 汉书［M］. 北京：中华书局，1962：416.
④ 司马迁. 史记［M］. 北京：中华书局，1982：872-873，2102. 班固. 汉书［M］. 北京：中华书局，1962：2433.
⑤ （汉）班固撰，（清）王先谦补注，上海师范大学古籍整理研究所整理. 汉书补注［M］. 上海：上海古籍出版社，2012：547.
⑥ 班固. 汉书［M］. 北京：中华书局，1962：416-417.
⑦ 司马迁. 史记［M］. 北京：中华书局，1982：842. 班固. 汉书［M］. 北京：中华书局，1962：143.

封，《汉书·武帝纪》将此事列入元狩三年，有误。第三，此文言缪王定在位二十三年，《汉书·景十三王传》作"二十二年"，未知孰是。第四，从刘育嗣位至王莽篡位，共计三十二年（公元前23年至公元9年），文中的"三十三年"有误。① 第三点见于《汉书补注》。② 只是《汉书补注》的《汉书·景十三王传》的版本作"三十二年"，而非"二十二年"。《汉书补注》认为应作"二十三"。

（21）"清河哀王乘"条："（景帝）中三年三月丁酉立……"③。此文不误，《史记·诸侯王表》作"三月丁巳"④，有误，三月无丁巳。三月丁酉即三月二十六日。

（22）"常山宪王舜"条："（景帝）中五年（前145）三月丁巳立，三十二年薨。元鼎三年（前114），王勃坐宪王丧服奸，废徙房陵。"⑤此文涉及的问题有：第一，"三月丁巳"有误，三月无丁巳。《史记·诸侯王表》原本也作"三月丁巳"，点校者改为"四月丁巳"，这是很有道理的。首先，四月有丁巳，是四月二十八日。其次，《汉书·景帝纪》"（中）五年夏，立皇子舜为常山王"⑥，"夏"字说明四月丁巳的可能性很大。第二，宪王刘舜在位时间为公元前145年至前114年，共计三十二年。本书和《史记·诸侯王表》《史记·五宗世家》均可证。《汉书·景十三王传》作"三十三年"，有误。⑦ 第二条见于《汉书补注》。《汉书补注》认为宪王刘舜在位时间为公元前145年至元鼎二年

---

① 司马迁. 史记 [M]. 北京：中华书局，1982：177，861-863. 班固. 汉书 [M]. 北京：中华书局，1962：2434.
② （汉）班固撰，（清）王先谦补注，上海师范大学古籍整理研究所整理. 汉书补注 [M]. 上海：上海古籍出版社，2012：547.
③ 班固. 汉书 [M]. 北京：中华书局，1962：417.
④ 司马迁. 史记 [M]. 北京：中华书局，1982：847-848.
⑤ 班固. 汉书 [M]. 北京：中华书局，1962：417.
⑥ 班固. 汉书 [M]. 北京：中华书局，1962：148.
⑦ 司马迁. 史记 [M]. 北京：中华书局，1982：867，2102. 班固. 汉书 [M]. 北京：中华书局，1962：2434.

（前115年），因此在位时间应该是三十一年。这是错误的。刘舜在前114年也当过一段时间的王，因此也应该算入。王先谦可能是弄混了旧王被撤职和新王继位这两种情况。①

（23）"真定"条："元鼎三年（前114），顷王平以宪王子绍封，二十五年薨。征和四年（前89），烈王偃嗣，十八年薨。本始三年（前71），孝王申嗣，三十三年薨。建昭元年（前38），安王雍嗣，十六年薨。阳朔三年（前22），共王谱嗣……"②。此文涉及的问题有：第一，顷王刘平于元鼎四年绍封，《史记·五宗世家》《史记·诸侯王表》均可证。"元鼎三年"有误。相应的，其在位时间为二十四年（公元前113年至公元前90年），"二十五年"有误。《汉书·景十三王传》也作"二十五年"，亦误。第二，孝王之名原作"由"，点校者据王先谦说改为"申"。然而，《汉书·景十三王传》亦作"由"，似不应改。第三，孝王、安王在位时间，《汉书·景十三王传》分别作"二十二年""二十六年"，与本书不同。本书的在位时间与计算相合，疑《汉书·景十三王传》误。③ 第三点见于《汉书补注》。④

（24）"泗水"条："元鼎二年（前115）思王商以宪王少子立，十五年薨。太初二年（前103），哀王安世嗣，一年薨，亡后。三年（前102），戴王贺以思王子绍封，二十年薨。元凤元年（前80）三月丙子，勤王综嗣……"⑤ 此文涉及的问题有：第一，思王刘商立于元鼎四年，《史记·五宗世家》《史记·诸侯王表》《汉书·武帝纪》均可证。"元

---

① （汉）班固撰，（清）王先谦补注，上海师范大学古籍整理研究所整理. 汉书补注 [M]. 上海：上海古籍出版社，2012：548.

② 班固. 汉书 [M]. 北京：中华书局，1962：417.

③ 司马迁. 史记 [M]. 北京：中华书局，1982：868-869，2103. 班固. 汉书 [M]. 北京：中华书局，1962：2435.

④ （汉）班固撰，（清）王先谦补注，上海师范大学古籍整理研究所整理. 汉书补注 [M]. 上海：上海古籍出版社，2012：548.

⑤ 班固. 汉书 [M]. 北京：中华书局，1962：418.

鼎二年"有误。相应的，其在位时间应为十年，《史记·诸侯王表》可证。"十五年"有误。《汉书·景十三王传》本来无误，点校者误改为"十二年"。另外，《史记·五宗世家》作"十一年"，亦误。第二，哀王刘安世在位一年，《汉书·景十三王传》可证。《史记·诸侯王表》于太初二年作"哀王安世元年。即戴王贺元年"，亦可证。《史记·五宗世家》作"十一年"，有误。另外，戴王元年当为太初三年，《史记·诸侯王表》作太初二年，有误，太初二年条当改为"哀王安世元年"，太初三年条当改为"戴王贺元年"，太初四年条当由"三"改为"二"。另外，《史记·诸侯王表》太初二年条为"哀王安世元年。即戴王贺元年。<u>安世子</u>"，《索隐》为"<u>广川惠王子也</u>"。"安世子""广川惠王子"，皆误。《史记·五宗世家》《汉书·景十三王传》均作"安世弟"，可见戴王为思王之子、哀王安世之弟。第三，戴王刘贺在位时间，此文作"二十年"，《汉书·景十三王传》作"二十二年"。若以时间间隔来看，太初三年与元凤元年恰相隔二十二年。然而勤王并非顺利嗣位。勤王本为戴王遗腹子，泗水相、内史并未上报朝廷，后来经泗水太后上书，勤王才得以继位。这一过程是否会持续两年，亦未可知。故，两者未知孰是。第四，勤王之名此作"综"，有误，当从《汉书·昭帝纪》《汉书·景十三王传》作"暖"。第五，勤王继位时间，此文作"三月丙子"，有误，三月无丙子。《汉书·昭帝纪》将此事置于"元凤元年春"和"三月"之间，亦可证非三月事。正月与三月之间，只有二月有丙子，即二月四日。故，"三月"当改为"二月"。① 第一点见于《汉书补注》。王先谦认为，思王刘商的在位时间应该是十一年，有误。第三，第四点见于《汉书补注》。②

---

① 司马迁. 史记 [M]. 北京：中华书局, 1982：868, 873-875, 2104. 班固. 汉书 [M]. 北京：中华书局, 1962：185, 225, 2436.

② （汉）班固撰，（清）王先谦补注，上海师范大学古籍整理研究所整理. 汉书补注 [M]. 上海：上海古籍出版社, 2012：549.

（25）"广阳"条："本始元年（前73）五月，顷王建以剌王子绍封……阳朔二年（前23），思王璜嗣，二十一年薨。建平四年（前3），王嘉嗣"①。此文涉及的问题有：第一，顷王刘建绍封时间，此作"五月"，《汉书·昭帝纪》作"秋七月"②，未知孰是。第二，思王在位时间当为公元前23年至公元前4年，共计二十年。文中的"二十一年"有误。《汉书·武五子传》也作"二十年"③，可证。此条见于《汉书补注》，但王先谦认为此表无误，传有误，恐误。④

（26）"广陵厉王胥"条："建昭五年（前34），共王意嗣，十三年薨。建始二年（前31），哀王护嗣，十五年薨，亡后。元延二年（前11），靖王守以孝王子绍封，十七年薨。居摄二年（公元7），王宏嗣，三年，王莽篡位"⑤。此文涉及的问题有：第一，共王在位时间当为公元前34年至公元前32年，共计三年。文中的"十三年"有误。《汉书·武五子传》也作"三年"，可证。第二，哀王、靖王在位时间，《汉书·武五子传》分别作"十六年""二十年"，与本书不同，其文为："子哀王护嗣，十六年薨，无子，绝。后六年，成帝复立孝王子守，是为靖王，立二十年薨。子宏嗣，王莽时绝。"先看靖王。靖王绍封于元延二年，亦见于《汉书·成帝纪》，当无误。若靖王在位时间为二十年，则他应去世于王莽篡位的公元9年，其子宏当不能嗣位。由此可知，靖王在位应为十七年，而非二十年，《汉书·武五子传》有误。再看哀王。若哀王在位十五年，则他应去世于公元前17年。恰与《汉书·武五子传》所说"后六年，成帝复立孝王子守"相合。可见，《汉

---

① 班固. 汉书［M］. 北京：中华书局，1962：419.

② 班固. 汉书［M］. 北京：中华书局，1962：242.

③ 班固. 汉书［M］. 北京：中华书局，1962：2759.

④ （汉）班固撰，（清）王先谦补注，上海师范大学古籍整理研究所整理. 汉书补注［M］. 上海：上海古籍出版社，2012：550.

⑤ 班固. 汉书［M］. 北京：中华书局，1962：419.

书·武五子传》关于哀王在位时间的记载亦误。① 此条见于《汉书补注》，但王先谦计算第二点的时间有误，哀王、靖王分别作十六年、十八年。②

（27）"高密"条："本始元年（前 73）十月，哀王弘以厉王子立，八年薨。元康元年（前 65），顷王章嗣，三十四年薨。建始二年（前 31），怀王宽嗣……"③。此文涉及的问题有：第一，哀王绍封时间，此作"十月"，《汉书·昭帝纪》作"秋七月"④，未知孰是。第二，哀王、靖王在位时间，《汉书·武五子传》分别作"九年""三十三年"⑤，与本书不同，未知孰是。此条见于《汉书补注》，王先谦认为应该以此表为准。⑥

（28）"昌邑哀王髆"条："天汉四年六月乙丑立……始元元年（前 86），王贺嗣……废归故国，予邑三千户。"⑦ 此文涉及的问题有：第一，哀王被立时间，此作"六月乙丑"，《汉书·武帝纪》作"夏四月"⑧。六月乙丑为六月十六日，四月也有乙丑，为四月十五日。未知孰是。此点见于《汉书补注》。⑨ 第二，刘贺被予邑数，此作"三千户"，有误，当从《汉书·武五子传》《汉书·霍光传》作"二千户"⑩。

---

① 班固. 汉书 [M]. 北京：中华书局，1962：327，2763.
② （汉）班固撰，（清）王先谦补注，上海师范大学古籍整理研究所整理. 汉书补注 [M]. 上海：上海古籍出版社，2012：550.
③ 班固. 汉书 [M]. 北京：中华书局，1962：419.
④ 班固. 汉书 [M]. 北京：中华书局，1962：242.
⑤ 班固. 汉书 [M]. 北京：中华书局，1962：2763.
⑥ （汉）班固撰，（清）王先谦补注，上海师范大学古籍整理研究所整理. 汉书补注 [M]. 上海：上海古籍出版社，2012：551.
⑦ 班固. 汉书 [M]. 北京：中华书局，1962：420.
⑧ 班固. 汉书 [M]. 北京：中华书局，1962：205.
⑨ （汉）班固撰，（清）王先谦补注，上海师范大学古籍整理研究所整理. 汉书补注 [M]. 上海：上海古籍出版社，2012：551.
⑩ 班固. 汉书 [M]. 北京：中华书局，1962：2765，2946.

（29）"东平思王宇"条："甘露二年（前52）<u>十月乙亥立</u>，三十
二年薨。鸿嘉元年（前20）炀王云嗣……元始二年（公元1）二月丙
辰，王开明嗣，立五年薨，亡后。"① 此文涉及的问题有：第一，据本
书，思王宇当立于甘露二年，去世于阳朔四年（前21），共在位三十二
年。这一记载与《汉书·宣帝纪》《汉书·成帝纪》吻合，当无误。
《汉书·宣元六王传》作"三十三"，有误。第二，思王刘宇称王时间，
此处作"十月乙亥"（十月十九日），《汉书·宣帝纪》作"秋九月"，
未知孰是。第三，开明在位时间，此作五年，《汉书·宣元六王传》作
"三年"，未知孰是。② 此条见于《汉书补注》，王先谦认为第三点应为
"三年"。③

（30）"中山"条："居摄元年，严乡侯子匡为东平王。"④ 此文位
置有误。刘匡继开明为东平王，则此文应右移一格至"东平思王宇"
条内，而不应位于"中山"条下。

（31）"楚孝王嚣"条："阳朔元年，<u>怀王芳嗣</u>"⑤。"怀王芳"，《汉
书·宣元六王传》作"怀王文"⑥，未知孰是。此条见于《汉书补
注》。⑦

（32）"信都"条："绥和元年（前8）十一月<u>壬子</u>，王景以孝王孙
立为定陶王"⑧。"壬子"二字有误，十一月无壬子。《汉书·成帝纪》
于此事仅书"冬十一月，立楚孝王孙景为定陶王"⑨，未指明具体日期，

---

① 班固. 汉书［M］. 北京：中华书局，1962：421.
② 班固. 汉书［M］. 北京：中华书局，1962：270，315，3325-3326.
③ （汉）班固撰，（清）王先谦补注，上海师范大学古籍整理研究所整理. 汉书补注［M］. 上海：上海古籍出版社，2012：552.
④ 班固. 汉书［M］. 北京：中华书局，1962：421.
⑤ 班固. 汉书［M］. 北京：中华书局，1962：422.
⑥ 班固. 汉书［M］. 北京：中华书局，1962：3319.
⑦ （汉）班固撰，（清）王先谦补注，上海师范大学古籍整理研究所整理. 汉书补注［M］. 上海：上海古籍出版社，2012：553.
⑧ 班固. 汉书［M］. 北京：中华书局，1962：422.
⑨ 班固. 汉书［M］. 北京：中华书局，1962：329.

故不能确定正确日期。十一月有壬辰（二日）、丙子（六日）、壬午（十二日）、戊子（十八日）、壬申（二十二日）、庚子（三十日）。疑当为"丙子"，因其与"壬子"最为形近。

（33）"中山孝王兴"条：中山孝王之名，本书和《汉书·宣元六王传》《汉书补注》均作"兴"，《汉书·元帝纪》本来也作"兴"，不误。点校者据宋祁说，误改为"舆"。①

二、《汉书·王子侯表》

需要说明的是，《诸侯王表》可以与本纪、列传、《史记》诸表等对校，而《王子侯表》则基本上只能与《史记》诸表对校。这也意味着汉武帝以后的信息将无法对校，当用理校法发现问题时，很可能难以断定错在何处。比如，如果通过时间间隔计算出的某诸侯的在位时间，与《汉书》写的在位时间不合，就难以断定到底是在位时间写错了，还是用于计算的时间点写错了。

（34）"合阳侯喜"条："（高祖）八年九月丙午封"②。此文涉及的问题有：第一，"丙午"二字有误，九月无丙午，当从《史记·高祖功臣侯者年表》，作"丙子"，即九月六日。第二，《史记·高祖功臣侯者年表》："以子吴王故，尊仲谥为代顷侯。""代顷侯"有误。刘仲本已为侯，尊之则应谥号为王，而不应称侯。且当时汉文帝为代王，刘仲又因其子为吴王而尊，其谥号不得与代相关，而应为吴顷王。③ 王先谦《汉书补注》也作"顷王"④。

① 班固. 汉书［M］. 北京：中华书局，1962：294，424，3327.（汉）班固撰，（清）王先谦补注，上海师范大学古籍整理研究所整理. 汉书补注［M］. 上海：上海古籍出版社，2012：556.
② 班固. 汉书［M］. 北京：中华书局，1962：428.
③ 司马迁. 史记［M］. 北京：中华书局，1982：946-947.
④ （汉）班固撰，（清）王先谦补注，上海师范大学古籍整理研究所整理. 汉书补注［M］. 上海：上海古籍出版社，2012：558.

（35）"德哀侯广"条："（高祖）十二年（前195）十一月庚辰，以兄子封，<u>七年八月</u>薨。高后三年（前185），顷侯通嗣，<u>二十四年</u>薨。孝景六年（前151），康侯龁嗣，<u>二十四年</u>薨。元鼎四年（前113），侯何嗣……<u>元寿二年（前1）五月甲子</u>，侯勋……绍封，封千户，九年，王莽篡位，绝。"① 此文涉及的问题有：第一，"七年八月"四字有误。此处原作"十年"，无误（德哀侯广在位时间为公元前195年至前186年，共计十年，《史记·高祖功臣侯者年表》可证），点校者误改为"七年八月"。第二，顷侯通在位时间为公元前185年至前152年，共计三十四年。原文作"三十四年"，无误，《史记·高祖功臣侯者年表》可证，点校者误改为"二十四年"。第三，康侯龁在位时间为公元前151年至前114年，共计三十八年，《史记·高祖功臣侯者年表》可证，文中误作"二十四年"。第四，"元寿二年五月甲子"有误，五月无甲子，且德侯绝嗣已久，不应于汉哀帝时突然绍封。疑当作"元始元年（公元1）五月甲子"。理由如下：首先，元始元年有五月甲子，即五月八日。其次，元始元年与后文的"九年，王莽篡位"吻合。最后，德侯绝嗣已久，之所以突然绍封，是因为汉平帝刚刚即位、掌权的王莽想借机收买人心。《汉书·平帝纪》说"（元始元年）封宣帝耳孙信等三十六人皆为列侯"，想必刘勋即为其中之一。② 第三点见于《汉书补注》。③

（36）"休侯富"条："（景帝前）七年，<u>怀侯登嗣</u>，一年薨。"④

---

① 班固. 汉书［M］. 北京：中华书局，1962：428—429.

② 班固. 汉书［M］. 北京：中华书局，1962：349. 司马迁. 史记［M］. 北京：中华书局，1982：967.《史记·高祖功臣侯者年表》中，哀侯的在位时间，高祖时期为"一"，汉惠帝时期为"七"，吕后时期为"二"，合计为十。由此可知《汉书》原文作"十"，无误，点校者误改。本书后面涉及的《史记·高祖功臣侯者年表》《史记·惠景间侯者年表》的时间计算，与此相似，不再说明。

③ （汉）班固撰，（清）王先谦补注，上海师范大学古籍整理研究所整理. 汉书补注［M］. 上海：上海古籍出版社，2012：559.

④ 班固. 汉书［M］. 北京：中华书局，1962：433.

"怀侯登",《史记·惠景间侯者年表》作"悼侯澄"①。此条见于《汉书补注》。② 从"一年薨"来看,其谥号似乎应该是"悼"。

(37)"沈猷夷侯岁"③ 条:夷侯之名,《史记·惠景间侯者年表》作"秽"④,此条见于《汉书补注》。⑤ 笔者怀疑应该作"岁",而不是"秽"。原因是:"秽"是贬义色彩很强烈的字,似乎不应用于人名。

(38)"棘乐敬侯调"条:"(景帝前)三年(前154)八月壬子封,十六年薨。<u>建元三年</u>(前138),恭侯应嗣,<u>十五年薨</u>。元朔元年(前128),侯庆嗣"⑥。此文涉及的问题有:第一,恭侯嗣位时间,《史记·惠景间侯者年表》作"建元二年"⑦,未知孰是。第二,恭侯在位时间当为公元前138年至前128年,共计十年(若嗣位于建元二年,则在位十一年),文中的"十五年"有误。第二点见于《汉书补注》。⑧

(39)"浮丘节侯<u>不害</u>"条、"平度康侯<u>行</u>"条、"雷侯<u>豨</u>"条、"封斯戴侯<u>胡伤</u>"条、"榆丘侯<u>受福</u>"条、"广望节侯<u>忠</u>"条、"薪馆侯未央"条"<u>薪处</u>侯嘉"条、"<u>旁光</u>侯殷"条、"蒌节侯<u>退</u>"条、"参户侯<u>免</u>"条、"<u>平城</u>侯礼"条、"<u>荣关</u>侯骞"条、"<u>周望</u>康侯何"条、"安阳侯<u>乐</u>"条、"<u>五据侯曜丘</u>"条⑨:"不害""行""豨""胡伤""受福""忠""薪馆""薪处""旁光""退""免""平城""荣关""周望""乐""五据侯曜丘",《史记·建元已来王子侯者年表》分别作

① 司马迁. 史记 [M]. 北京:中华书局,1982:1010.
② (汉)班固撰,(清)王先谦补注,上海师范大学古籍整理研究所整理. 汉书补注 [M]. 上海:上海古籍出版社,2012:564.
③ 班固. 汉书 [M]. 北京:中华书局,1962:434.
④ 司马迁. 史记 [M]. 北京:中华书局,1982:1009.
⑤ (汉)班固撰,(清)王先谦补注,上海师范大学古籍整理研究所整理. 汉书补注 [M]. 上海:上海古籍出版社,2012:564.
⑥ 班固. 汉书 [M]. 北京:中华书局,1962:434.
⑦ 司马迁. 史记 [M]. 北京:中华书局,1982:1013.
⑧ (汉)班固撰,(清)王先谦补注,上海师范大学古籍整理研究所整理. 汉书补注 [M]. 上海:上海古籍出版社,2012:565.
⑨ 班固. 汉书 [M]. 北京:中华书局,1962:437-451.

"不审""衍""稀""胡阳""寿福""安中""新馆""新处""房光"
"邀""勉""成平""荣简""周坚""桀""五梧侯瘣丘"①。疑浮丘节
侯之名当为"不害",理由是:"不审"含有贬义色彩,似乎不应用于
人名。其余则未知孰是。此条见于《汉书补注》。②

（40）"剧原侯错"条:"（元朔二年,前127）五月乙巳封,<u>十七
年薨</u>。元鼎二年（前115）,孝侯广昌嗣。"③"十七年"有误,当改为
"十二年"。《史记·建元已来王子侯者年表》可证。④此条见于《汉书
补注》。⑤

（41）"怀昌夷侯高遂"条:"（元朔二年）五月乙巳封,二年薨。
<u>四年</u>,胡侯延年嗣"⑥。《史记·建元已来王子侯者年表》与此有异:
"怀昌"作"壤","延年"作"延",延年嗣位时间作元鼎元年（前
116）⑦。未知孰是。

（42）"平望夷侯赏"条:"元狩三年（前120）,原侯楚人嗣,二
十六年薨。太始三年（前94）,敬侯光嗣,<u>十四年薨</u>。<u>神爵四年</u>（前
58）,顷侯起嗣。"⑧太始三年与神爵四年相距三十六年,与文中的"十
四年"不合,有误。原侯楚人于元狩三年嗣位,《史记·建元已来王子
侯者年表》可证⑨。元狩三年与太始三年相隔恰为二十六年,与文中的
"二十六年薨"相合。由此可知,敬侯光于太始三年嗣位,当无误。
"十四年"与"神爵四年"之间必有一误,但不能确定何者有误。王先

① 司马迁.史记［M］.北京:中华书局,1982:1073-1087.
② （汉）班固撰,（清）王先谦补注,上海师范大学古籍整理研究所整理.汉书补注
　［M］.上海:上海古籍出版社,2012:567-583.
③ 班固.汉书［M］.北京:中华书局,1962:439.
④ 司马迁.史记［M］.北京:中华书局,1982:1075-1076.
⑤ （汉）班固撰,（清）王先谦补注,上海师范大学古籍整理研究所整理.汉书补注
　［M］.上海:上海古籍出版社,2012:569.
⑥ 班固.汉书［M］.北京:中华书局,1962:439.
⑦ 司马迁.史记［M］.北京:中华书局,1982:1076.
⑧ 班固.汉书［M］.北京:中华书局,1962:439.
⑨ 司马迁.史记［M］.北京:中华书局,1982:1076.

谦认为误在"十四年"①，稍嫌武断。

（43）"平的戴侯强"条："（元朔二年，前127）五月乙巳封，十七年薨。元狩元年（前122），思侯中时嗣，三十年薨。太始三年（前94），节侯福嗣，十三年薨。神爵四年（前58），顷侯鼻嗣。"② 元朔二年、元狩元年、太始三年、神爵四年，两两之间的时间间隔分别为五年、二十八年、三十六年，与文中的"十七年""三十年""十三年"不合，必定有误。《史记·建元已来王子侯者年表》思侯中时嗣位时间作"元鼎元年（前116）"③，计算出的诸侯在位时间也均不合。故，仅能断定此文存在多处错误，而不能断定何者有误。笔者怀疑"元狩元年"当为"元封元年（前110）"，理由如下：第一，元封元年与文中的"十七年薨"相合。第二，若改为"元封元年"，《史记·建元已来王子侯者年表》只需将相关记录下移一格，而无须做文字上的改变，很有可能是位置发生误移的结果。第三，"元封"与"元狩"形近，有形近致误的可能性。而且，"剧魁夷侯黑"条就发生了"元封"误为"元狩"的情况（参见下一条）。第四，王先谦也说，"官本'狩'作'封'，是。"④

（44）"剧魁夷侯黑"条："（元朔二年，前127）五月乙巳封，十七年薨。元狩元年（前122），思侯招嗣"⑤。元朔二年与元狩元年相隔五年，与文中的"十七年"不合，有误。"元狩元年"当为"元封元年（前110）"，理由有二：第一，元封元年与文中的"十七年薨"相合。

① （汉）班固撰，（清）王先谦补注，上海师范大学古籍整理研究所整理. 汉书补注 [M]. 上海：上海古籍出版社，2012：570.

② 司马迁. 史记 [M]. 北京：中华书局，1982：441.

③ 司马迁. 史记 [M]. 北京：中华书局，1982：1077.

④ （汉）班固撰，（清）王先谦补注，上海师范大学古籍整理研究所整理. 汉书补注 [M]. 上海：上海古籍出版社，2012：571.

⑤ 班固. 汉书 [M]. 北京：中华书局，1962：441.

第二，《史记·建元已来王子侯者年表》作元封元年①，可证。第三，王先谦《汉书补注》也作元封元年②，可证。

（45）"辟土节侯壮"条："（元朔）五年，侯明嗣"③。"辟土""侯明"，《史记·建元已来王子侯者年表》分别作"辟""侯朋"④，未知孰是。后者见于《汉书补注》。⑤

（46）"东城侯遗"条："元鼎元年，为孺子所杀。"⑥《史记·建元已来王子侯者年表》作"（元鼎）元年，侯遗有罪，国除。"⑦ 两者记载不同，疑当以《史记》为准，理由是：若侯遗无罪而为孺子所杀，则其子当能绍封。《史记》《汉书》表中均未记载绍封情况，可见侯遗当是有罪而被废除爵位。

（47）"阴城思侯苍"条："（元朔二年，前127）六月甲午封，十七年，太初元年（前104）薨。"⑧ 元朔二年与太初元年相隔二十三年，与文中的"十七年"不合，有误。"太初元年"当为"元封元年（前110）"，理由有二：第一，元封元年与文中的"十七年"相合。第二，《史记·建元已来王子侯者年表》作元封元年⑨，可证。苏舆也有此怀疑，但并未给出证据。此条见于《汉书补注》。⑩

（48）"距阳宪侯匄"条："（元朔三年，前126）十月癸酉封，十

---

① 司马迁. 史记［M］. 北京：中华书局，1982：1077-1078.
② （汉）班固撰，（清）王先谦补注，上海师范大学古籍整理研究所整理. 汉书补注［M］. 上海：上海古籍出版社，2012：572.
③ 班固. 汉书［M］. 北京：中华书局，1962：443.
④ 司马迁. 史记［M］. 北京：中华书局，1982：1079-1080.
⑤ （汉）班固撰，（清）王先谦补注，上海师范大学古籍整理研究所整理. 汉书补注［M］. 上海：上海古籍出版社，2012：572.
⑥ 班固. 汉书［M］. 北京：中华书局，1962：445.
⑦ 司马迁. 史记［M］. 北京：中华书局，1982：1081.
⑧ 班固. 汉书［M］. 北京：中华书局，1962：445.
⑨ 司马迁. 史记［M］. 北京：中华书局，1982：1082.
⑩ （汉）班固撰，（清）王先谦补注，上海师范大学古籍整理研究所整理. 汉书补注［M］. 上海：上海古籍出版社，2012：576.

四年薨。元鼎五年（前 112），侯淒嗣，坐酎金免。"① 《史记·建元已来王子侯者年表》与此有两点不同：第一，"侯淒"作"侯渡"。第二，侯渡嗣位时间为元狩五年（前 118），而非元鼎五年②，未知孰是。第一点见于《汉书补注》。③

（49）"阿武戴侯豫"条："（元朔三年，前 126）十月癸酉封，二十四年薨。太初三年（前 102），敬侯宣嗣，二十年薨。始元三年（前 84），节侯信嗣，二十三年薨。神爵元年（前 61），厘侯婴齐嗣。"④ 本书纪年与时间间隔只有一条不合，可见"二十年"当改为"十八年"。另外，敬侯之名，《史记·建元已来王子侯者年表》作"宽"⑤，未知孰是。此条见于《汉书补注》。⑥

（50）"州乡节侯禁"条："（元朔三年）十月癸酉封，十一年薨。元鼎二年，思侯齐嗣。元封六年，宪侯惠嗣。"⑦《史记·建元已来王子侯者年表》无思侯齐⑧，未知孰是。王先谦说："《史表》'齐'作'惠'"⑨，其说不准确，《汉书》此文自有与《史记·建元已来王子侯者年表》相同的宪侯惠，并非"'齐'作'惠'"。

（51）"阴安康侯不害"条："（元朔三年，前 126）十月癸酉封，十一年薨。元鼎三年（前 114），哀侯秦客嗣，三年薨，亡后。"⑩ 元朔

---

① 班固. 汉书 [M]. 北京：中华书局，1962：448.
② 司马迁. 史记 [M]. 北京：中华书局，1982：1084.
③ （汉）班固撰，（清）王先谦补注，上海师范大学古籍整理研究所整理. 汉书补注 [M]. 上海：上海古籍出版社，2012：579.
④ 班固. 汉书 [M]. 北京：中华书局，1962：448.
⑤ 司马迁. 史记 [M]. 北京：中华书局，1982：1085.
⑥ （汉）班固撰，（清）王先谦补注，上海师范大学古籍整理研究所整理. 汉书补注 [M]. 上海：上海古籍出版社，2012：579.
⑦ 班固. 汉书 [M]. 北京：中华书局，1962：449.
⑧ 司马迁. 史记 [M]. 北京：中华书局，1982：1085.
⑨ （汉）班固撰，（清）王先谦补注，上海师范大学古籍整理研究所整理. 汉书补注 [M]. 上海：上海古籍出版社，2012：580.
⑩ 班固. 汉书 [M]. 北京：中华书局，1962：451.

三年与元鼎三年之间相距十二年，与文中的"十一年"不合，有误。"元鼎三年"当改为"元鼎二年"，理由是：与"十一年"相合，且《史记·建元已来王子侯者年表》作"元鼎二年"。王先谦认为当改"十一年"为"十二年"①，如此也当改《史记》原文，恐怕未必准确。另外，"阴安"，《史记·建元已来王子侯者年表》作"陪安"，未知孰是。

（52）"陪缪侯则"条："（元朔三年，前126）十月癸酉封，十一年薨。元鼎二年（前115），侯邑嗣，五年，坐酎金免。"②《史记·建元已来王子侯者年表》"则"作"明"这一点也见于《汉书补注》③，"元鼎二年"作"元鼎三年"④，未知孰是。

（53）"胡母侯楚"条："（元朔三年，前126）二月癸酉封……"⑤"二月"当改为"十月"。理由有二：第一，从体例来说，该表以时间为序，不宜在"十月"和"正月"之间出现"二月"。第二，《史记·建元已来王子侯者年表》作"十月"⑥。此条见于《汉书补注》。⑦

（54）"利昌康侯嘉"条："（元朔三年，前126）正月壬戌封，五十一年薨。元凤五年（前76），戴侯乐嗣，十二年薨。元康二年（前64），顷侯万世嗣。"⑧元朔三年与元凤五年相距五十年，与文中"五十一年"不合，有误。康侯封于元朔三年，《史记·建元已来王子侯者年

---

① （汉）班固撰，（清）王先谦补注，上海师范大学古籍整理研究所整理. 汉书补注 [M]. 上海：上海古籍出版社，2012：581.

② 班固. 汉书 [M]. 北京：中华书局，1962：450.

③ （汉）班固撰，（清）王先谦补注，上海师范大学古籍整理研究所整理. 汉书补注 [M]. 上海：上海古籍出版社，2012：582.

④ 司马迁. 史记 [M]. 北京：中华书局，1982：1088.

⑤ 班固. 汉书 [M]. 北京：中华书局，1962：453.

⑥ 司马迁. 史记 [M]. 北京：中华书局，1982：1089.

⑦ （汉）班固撰，（清）王先谦补注，上海师范大学古籍整理研究所整理. 汉书补注 [M]. 上海：上海古籍出版社，2012：584.

⑧ 班固. 汉书 [M]. 北京：中华书局，1962：454.

表》可证①，当无误。错误之处可能在于"五十一年""元凤五年"。戴侯在位时间为公元前76年至前65年，恰为十二年，与文中"十二年薨"相合，这增大了"元凤五年"的正确性。所以，"五十一年"有误的可能性更大一些。此条见于《汉书补注》。②

（55）"宁阳节侯恬"条："（元朔三年，前126）三月乙卯封，五十二年薨。元凤六年（前75），安侯庆忌嗣，十八年薨。五凤元年（前57），康侯信嗣。"③ 元朔三年与元凤六年相距五十一年，与文中"五十二年"不合，有误。节侯封于元朔三年，《史记·建元已来王子侯者年表》可证④，当无误。错误之处可能在于"五十二年""元凤六年"。安侯在位时间为公元前75年至前58年，恰为十八年，与文中"十八年薨"相合，这增大了"元凤六年"的正确性。所以，"五十二年"有误的可能性更大一些。此条见于《汉书补注》，为肯定判断。⑤

（56）"瑕丘节侯政"条："（元朔三年，前126）三月乙卯封，五十三年薨。元平元年（前74），思侯国嗣，四年薨。本始四年（前70），孝侯汤嗣。"⑥ 与上一条的论证几乎完全一样，错误之处可能在于"五十三年""元平元年"，前者有误的可能性更大一些。此条见于《汉书补注》，为肯定判断。⑦

（57）"武始侯昌"条："（元朔三年，前126）四月甲辰封，三十

① 司马迁. 史记 [M]. 北京：中华书局，1982：1090.
② （汉）班固撰，（清）王先谦补注，上海师范大学古籍整理研究所整理. 汉书补注 [M]. 上海：上海古籍出版社，2012：585.
③ 班固. 汉书 [M]. 北京：中华书局，1962：454.
④ 司马迁. 史记 [M]. 北京：中华书局，1982：1092.
⑤ （汉）班固撰，（清）王先谦补注，上海师范大学古籍整理研究所整理. 汉书补注 [M]. 上海：上海古籍出版社，2012：587.
⑥ 班固. 汉书 [M]. 北京：中华书局，1962：454.
⑦ （汉）班固撰，（清）王先谦补注，上海师范大学古籍整理研究所整理. 汉书补注 [M]. 上海：上海古籍出版社，2012：587.

四年，为赵王。"①"甲辰"有误，元朔三年无甲辰，当从《史记·建元已来王子侯者年表》，改为"庚辰"②，即四月十一日。其后的"象氏节侯贺"条、"易安侯平"条存在相同的问题。《汉书补注》指出本表与《史记·建元已来王子侯者年表》的差异，但并未进行判断。③

（58）"建成侯拾"条："（元朔四年，前125）三月乙丑封"④。"三月"，《史记》作"二月"⑤，有误。理由是：第一，元朔三年二月无乙丑。第二，从体例来说，该表以时间为序，不宜在众多"三月乙丑"之间出现"二月乙丑"。

（59）"安众康侯丹"条："（元朔四年，前125）三月乙丑封，三十年薨。元封六年（前105），节侯山柎嗣"⑥。元朔四年与元封六年相距二十年，与文中"三十年"不合。康侯封于元朔四年，节侯嗣位于元封六年，《史记·建元已来王子侯者年表》可证⑦，故"三十年"有误，当改为"二十年"。此条见于《汉书补注》。⑧

（60）"东野戴侯章"条："（元朔四年，前125）四月甲午封，薨。侯中时嗣，太初四年（前101）薨，亡后。"⑨《史记·建元已来王子侯者年表》仅书戴侯受封一事，且直到太初年间也未书戴侯薨⑩，与此处记载不同，未知孰是。

（61）"稻夷侯定"条："本始二年（前72），戴侯咸嗣，四十二年

---

① 班固. 汉书 [M]. 北京：中华书局，1962：454.
② 司马迁. 史记 [M]. 北京：中华书局，1982：1094.
③ （汉）班固撰，（清）王先谦补注，上海师范大学古籍整理研究所整理. 汉书补注 [M]. 上海：上海古籍出版社，2012：589.
④ 班固. 汉书 [M]. 北京：中华书局，1962：458.
⑤ 司马迁. 史记 [M]. 北京：中华书局，1982：1096.
⑥ 班固. 汉书 [M]. 北京：中华书局，1962：459.
⑦ 司马迁. 史记 [M]. 北京：中华书局，1982：1096.
⑧ （汉）班固撰，（清）王先谦补注，上海师范大学古籍整理研究所整理. 汉书补注 [M]. 上海：上海古籍出版社，2012：591.
⑨ 班固. 汉书 [M]. 北京：中华书局，1962：459.
⑩ 司马迁. 史记 [M]. 北京：中华书局，1982：1100.

薨。甘露元年（前53），顷侯阅嗣。"① 本始二年与甘露元年相距十九年，与文中"四十二年"不合，有误。疑"本始二年"当为"太始二年"（前95），理由是：太始二年与甘露元年相距四十二年，与文中"四十二年"相合；"太"字与"本"字形近，极容易致误。此条见于《汉书补注》。②

（62）"渤海"条："甘露二年（前52），孝侯外人嗣，十八年，建始五年薨。"③"建始五年"有误，原因是成帝"建始"总共只有四年，没有五年。应改为"建昭四年"（前35），原因是甘露二年与建昭四年相距恰为十八年，与文中"十八年"相合，且"建始"与"建昭"形近。此条见于《汉书补注》。④

三、差一年的情况

在《汉书》诸表中，经常有差一年的情况。产生原因可能有两个。第一：旧王去世后，新王嗣位时间可以写当年，也可以写第二年（新王元年当从第二年算起）。第二，若诸侯王的爵位发生变动（废除、升迁或去世），那么统计时间的"若干年"可能有两种解释：在位若干年；即位若干年后。后者会比前者少一年。可举例如下：

《汉书·诸侯王表》"齐悼惠王肥"条："永始元年（前16），王俚……绍封，二十五年，王莽篡位（9），贬为公"⑤。

"广宗"条："元始二年（2）四月丁酉王如意……绍封，七年，王

---

① 班固.汉书［M］.北京：中华书局，1962：459.

② （汉）班固撰，（清）王先谦补注，上海师范大学古籍整理研究所整理.汉书补注［M］.上海：上海古籍出版社，2012：596.

③ 班固.汉书［M］.北京：中华书局，1962：465.

④ （汉）班固撰，（清）王先谦补注，上海师范大学古籍整理研究所整理.汉书补注［M］.上海：上海古籍出版社，2012：597.

⑤ 班固.汉书［M］.北京：中华书局，1962：409.

莽篡位（9），贬为公"①。

前者的"二十五年"指刘俚在位二十五年，与本书前述事例相同；后者的"七年"指刘如意即位七年后被废除王位（在位第八年）。

《汉书》中差一年的情况，若用上述原因可以解释，则被认为无误。下列勘误札记即同时考虑到这两种情况：

（一）《汉书·诸侯王表》

（1）"广世"条："元始二年（2）四月丁酉，王宫……绍封，五年，王莽篡位（9），贬为公"②。刘宫于元始二年绍封，参见《汉书·平帝纪》③。故，可以确定"五年"有误，当改为"七（八）年"。

（2）"淮阳宪王钦"条："元寿二年（前1），王演嗣，十九年，王莽篡位"④。王莽篡位的公元9年，为刘演即位九年后、在位第十年，文中"十九年"有误，当改为"九（十）年"。

（二）《汉书·王子侯表》

（1）"上邳侯郢客"条："（高后）二年（前186）五月丙申封，七年，为楚王。"⑤。刘郢客于汉文帝前二年（前178）为楚王，"七年"有误，当改为"八（九）年"。《史记·惠景间侯者年表》可证。⑥

（2）"氏丘共侯宁国"条："（文帝）十五年（前165），侯偃嗣，十年，孝景三年（前154），反，诛。"⑦"十年"有误，当改为"十一（二）年"。《史记·惠景间侯者年表》可证。另外，"氏丘"，《史记·惠景间侯者年表》作"瓜丘"，《史记索隐》作"斥丘"。《汉书·地理

---

① 班固. 汉书［M］. 北京：中华书局，1962：409.

② 班固. 汉书［M］. 北京：中华书局，1962：411–412.

③ 班固. 汉书［M］. 北京：中华书局，1962：353.

④ 班固. 汉书［M］. 北京：中华书局，1962：420.

⑤ 班固. 汉书［M］. 北京：中华书局，1962：429.

⑥ 司马迁. 史记［M］. 北京：中华书局，1982：985. 此条于高后期间作"七"，于文帝期间作"一"，若计算时间间隔则为八，若计算在位时间则为九。下同。

⑦ 班固. 汉书［M］. 北京：中华书局，1962：431.

志》有"斥丘",而无"氏丘""瓜丘",疑当作"斥丘"。① 地名问题已见于《汉书补注》。②

（3）"营平侯信都"条："（文帝）十四年（前166），侯广嗣，十一年，孝景三年（前154），反，诛。"③ "十一年"有误，当改为"十二（三）年"。《史记·惠景间侯者年表》可证。④

（4）"张梁哀侯仁"条："（元朔）二年（前127）五月乙巳封，十三年薨。元鼎三年（前114），侯顺嗣，二十三年，征和三年（前90），为奴所杀。"⑤ 元朔二年与元鼎三年相隔十三年，与文中的"十三年薨"相合，故"元鼎三年"不误。元鼎三年与征和三年相隔二十四年（在位二十五年），与文中"二十三年"不合，故"二十三年"与"征和三年"之间必有一误。

（5）"蒌节侯退"条："五凤元年（前57），安侯充世嗣，三年薨。四年（前54），侯遗嗣，二十年，建始四年（前29）薨，亡后。"⑥ 五凤元年与五凤四年相隔三年，与文中的"三年薨"相合，故"（五凤）四年"不误。五凤四年与建始四年相距二十五年（在位二十六年），与文中"二十年"不合，故"二十年"与"建始四年"之间必有一误。《汉书补注》认为"二十年"应改为"二十五"。⑦ 笔者认为在缺少旁证的情况下，还是存疑为好，毕竟也存在"建始四年"有误的情况。

（6）"富侯龙"条："（元朔三年，前126）十月癸酉封，十六年，

---

① 司马迁. 史记 [M]. 北京：中华书局，1982：998. 班固. 汉书 [M]. 北京：中华书局，1962：1573.
② （汉）班固撰，（清）王先谦补注，上海师范大学古籍整理研究所整理. 汉书补注 [M]. 上海：上海古籍出版社，2012：561.
③ 班固. 汉书 [M]. 北京：中华书局，1962：431.
④ 司马迁. 史记 [M]. 北京：中华书局，1982：998.
⑤ 班固. 汉书 [M]. 北京：中华书局，1962：438.
⑥ 班固. 汉书 [M]. 北京：中华书局，1962：448.
⑦ （汉）班固撰，（清）王先谦补注，上海师范大学古籍整理研究所整理. 汉书补注 [M]. 上海：上海古籍出版社，2012：579.

元康元年（前65），坐使奴杀人，下狱瘐死。"① 元朔三年与元康元年之间相距六十一年（在位六十二年），与"十六年"不合。"十六年"与"元康元年"之间必有一误。《史记·建元已来王子侯者年表》的记载截止于太初四年（前101），其中仅书富侯受封之事而未书下狱瘐死之事。若《史记》记载无误，则富侯在位时间当超过二十五年，误在"十六年"。若《史记》记载有脱误而"十六年"不误，则"元康元年"当改为"元封元年"，这种修改的合理性在于："元康元年"与"元封元年"仅有一字之差，容易致误；与"十六年"相合。总之，难以断定误在何处。《汉书补注》认为当改为"元封元年"。②

第六节　《资治通鉴》勘误札记29则

笔者在阅读《资治通鉴》时，发现一些错误，随手写有29则勘误札记。由于《资治通鉴》的秦汉部分价值不大（原因是一手材料《史记》《汉书》都在，《资治通鉴》只是二手材料），所以笔者将胡三省注的错误挑出来，以《〈资治通鉴〉胡三省注勘误札记》为题，发表在《运城学院学报》2017年第2期，感兴趣的读者可自行查阅。

这些札记仅有5则跟数学有关，为了完整性，同时考虑到其他札记虽有一定的价值，但很难有发表的机会，所以这里就将29条一并列入。

（1）《资治通鉴》卷一，春秋时齐国大臣田常，本名田恒，周安王十一年（前391），将其名改为田常。胡三省对此评论说："田常，即

---

① 班固. 汉书 [M]. 北京：中华书局，1962：452.

② （汉）班固撰，（清）王先谦补注，上海师范大学古籍整理研究所整理. 汉书补注 [M]. 上海：上海古籍出版社，2012：583.

《左传》陈成子恒也。温公避仁庙讳，改'恒'曰'常'"①。胡三省之言有误：胡三省认为，司马光为了避宋仁宗赵恒的讳，而将田恒改名为田常。实际上，赵恒是宋真宗的名字，而不是宋仁宗，"仁庙"二字有误。

（2）《资治通鉴》卷十六，记汉景帝中三年（前147）事为："冬，十一月，罢诸侯御史大夫官。夏，四月，地震。旱，禁酤酒。三月，丁巳，立皇子乘为清河王……"② 本年记事的时间排序有问题：三月事应提前到四月事之前，且"三月"之前当有一"春"字。

产生这个问题的原因可能是：本书取自《汉书·景帝纪》③。《汉书》于此年春仅书一事："春正月，皇太后崩。"文颖、孟康、颜师古等人均认为此条记载有误，《资治通鉴》也没有采纳。春季无事，故本处记载无"春"字。《汉书》未将"立皇子乘为清河王"一事系月、日，而是放在此年记事的末尾。《资治通鉴》据《史记·汉兴以来诸侯王年表》④，将此事系于三月丁巳⑤，并将其位置提前——误将此事放在四月之后，也没有补写"春"字。

（3）《资治通鉴》卷二十四，汉昭帝元平元年（前74），"（昭）帝崩于未央宫"⑥。胡三省注为："臣瓒曰：寿二十三。"此注有两个错误：第一，该注出自《汉书·昭帝纪》臣瓒注，当为"寿二十二"，《资治通鉴》转引致误⑦。第二，《汉书·昭帝纪》："（汉武帝）后元二年

---

① ［宋］司马光. 资治通鉴［M］. 北京：中华书局，1956：26.
② ［宋］司马光. 资治通鉴［M］. 北京：中华书局，1956：538.
③ ［汉］班固. 汉书［M］. 北京：中华书局，1962：146–147.
④ ［汉］司马迁. 史记［M］. 北京：中华书局，1982：847–848.
⑤ 《汉书·诸侯王表》系于三月丁酉，详见［汉］班固. 汉书［M］. 北京：中华书局，1962：417.
⑥ ［宋］司马光. 资治通鉴［M］. 北京：中华书局，1956：775.
⑦ 《汉书》臣瓒注为："帝年九岁即位，即位十三年"（［汉］班固. 汉书［M］. 北京：中华书局，1962：233），则臣瓒计算的汉昭帝年龄当为 22 岁，而非 23 岁。由此可知，《资治通鉴》转引致误。

（前87）二月……立昭帝为太子，年八岁。"① 由此可知，汉昭帝于公元前74年去世时，当为21岁，而非22岁。臣瓒注有误，当取《汉书·昭帝纪》颜师古注，为"寿二十一"②。

（4）《资治通鉴》卷二十四，汉昭帝元平元年（前74），霍光欲废昌邑王刘贺，派田延年通知丞相杨敞。杨敞惊慌失措，不知如何是好，在夫人的帮助下，才跟田延年取得共识。文中有"（田）延年从更衣还，（杨）敞夫人与（田）延年参语许诺，'请奉大将军教令！'"③之语。按此则许诺田延年者，为杨敞夫人。

这一标点有误，许诺田延年者当为杨敞和杨敞夫人。原因是：第一，颜师古注为："三人共言，故曰参语。"可见，共定其事者为三人：杨敞、杨敞夫人、田延年；许诺田延年者，当为杨敞和杨敞夫人。第二，杨敞作为丞相，必须对田延年亲自许诺，而不能只是"敞夫人"一个人许诺，否则很可能有杀身之祸（"君侯不疾应，与大将军同心，犹与无决，先事诛矣"）。故，此处标点有误，当标点为："（杨）敞、夫人与（田）延年参语许诺"。《汉书·杨敞传》标点不误④。

（5）《资治通鉴》卷三十，汉成帝建始元年（前32），"冬，十二月……罢甘泉、汾阴祠，及紫坛伪饰、女乐、鸾路、骍驹、龙马、石坛之属。"胡三省注为："（匡）衡又言：甘泉泰畤紫坛有文章、采镂、黼黻之饰，及玉女乐、石坛仙人祠，瘗鸾路、骍驹、寓龙，非古。于是悉罢之。（颜）师古曰：《汉旧仪》云：祭天用六彩，绮席六重，用玉几、玉饰器凡七十。女乐，即《礼乐志》所云使童男、童女俱歌也。"⑤

胡三省注取自《汉书·郊祀志·下》，其中有三个问题：第一，

---

① ［汉］班固. 汉书［M］. 北京：中华书局，1962：217.
② ［汉］班固. 汉书［M］. 北京：中华书局，1962：233.
③ ［宋］司马光. 资治通鉴［M］. 北京：中华书局，1956：783.
④ ［汉］班固. 汉书［M］. 北京：中华书局，1962：2889.
⑤ ［宋］司马光. 资治通鉴［M］. 北京：中华书局，1956：957.

"玉女乐"标点有误。由颜师古注可知,玉(玉几、玉饰器)、女乐为二物,之间当有顿号,否则会使人误将"玉女"连为一词。第二,胡三省注作"寓龙",《汉书》作"寓龙马"①。"寓龙马"与正文中的"龙马"一词相对应,当予以补正。第三,"祭天用六彩,绮席六重"标点有误。"六彩绮席"是指六种色彩的华丽席具,中间不能有逗号。《汉书》标点不误。

(6)汉成帝元延二年(前11),许美人怀孕生子。赵昭仪听说此事后,非常生气,认为汉成帝背着她,和别的女人有不雅行为。她说:"常给我言从中宫来,即从中宫来,许美人儿何从生中?……"颜师古对此所做的注释,在《资治通鉴》和《汉书》中有不同的标点。《资治通鉴》卷三十三,哀帝建平元年(前6)标点为:"言美人在内中,何从得儿而生也。故言何从生中次。此下乃始言约耳。"②《汉书·外戚传下》标点为:"言美人在内中,何从得儿而生也,故言何从生中。次此下,乃始言约耳。"③ 两者的主要区别在于:"次"字当属上读还是下读。

笔者认为,"故言"二字是确定标点的重要依据。颜师古先进行解释,再通过"故言"二字加引文的形式,来说明解释的是哪一句。所以,"故言"后应当引用赵昭仪之言,而"次"字不属于赵氏之言,当属下读。故,《资治通鉴》标点有误,当从《汉书》。

(7)《资治通鉴》卷三十五,汉哀帝元寿元年(前2),丞相王嘉向汉哀帝上奏折,建议哀帝学习元帝节约、不厚赏的美德。奏折中有"(汉元帝)尝幸上林,后官冯贵人从临兽圈,猛兽惊出"④ 之语。"后

① [汉]班固.汉书[M].北京:中华书局,1962:1256.
② [宋]司马光.资治通鉴[M].北京:中华书局,1956:1073.
③ [汉]班固.汉书[M].北京:中华书局,1962:3994.
④ [宋]司马光.资治通鉴[M].北京:中华书局,1956:1109.

官"二字不可解，有误。当从《汉书·王嘉传》，作"后宫"①。点校本《资治通鉴》的底本（清胡克家本）亦作"后宫"②，可证。

（8）《资治通鉴》卷三十七，王莽始建国二年（10），载班固论西汉诸侯王兴衰本末，其中有"然诸侯原本以大末，流滥以致溢……"③之语。此处标点有问题："大末"二字难以理解。从句意来看，"大"似可解释为皇族，和普通家族相比为"大"，"大末"的意思是皇族之末。其问题在于"大"字的解释比较牵强，在古籍中找不到例证。

正确的标点应当为："然诸侯原本以大，末流滥以致溢……"句中，"以大"通"已大"，"原本"与"末流"相对照，其意甚明；由"大"而"溢"，也较为自然、合理。而且上文说汉初诸侯王势力很大，天子仅拥有十五郡，正与"诸侯原本以大"相一致。本书的原始出处《汉书·诸侯王表》不误④。

（9）《资治通鉴》卷四十，光武帝建武五年（30），载汉光武帝"常称曰：'可以托六尺之孤，寄百里之命者，庞萌是也。'"胡三省注为："《论语》孔子之言"。⑤胡三省注有误，"可以托六尺之孤，寄百里之命"出自《论语·泰伯篇》，是曾子的话，而非孔子之言。

（10）《资治通鉴》卷四十二，汉光武帝建武九年（33），光武帝封阴贵人（阴丽华）的弟弟阴就为宣恩侯。胡三省注为："帝追爵（阴）贵人父（阴）陆为宣恩哀侯，以（阴）就嗣哀侯。后汉旧制，惟皇后父封侯。贵人未正位中宫而追爵其父，非旧也。"⑥案：作为后汉的开创者，光武帝时的旧制只能是前汉旧制，而不能是后汉旧制。也就是

---

① ［汉］班固. 汉书［M］. 北京：中华书局，1962：3494.
② ［宋］司马光. 资治通鉴［M］. 上海：上海古籍出版社，1987：231.
③ ［宋］司马光. 资治通鉴［M］. 北京：中华书局，1956：1180.
④ ［汉］班固. 汉书［M］. 北京：中华书局，1962：395.
⑤ ［宋］司马光. 资治通鉴［M］. 北京：中华书局，1956：1325.
⑥ ［宋］司马光. 资治通鉴［M］. 北京：中华书局，1956：1363.

说，按照前汉（即西汉）旧制，只有皇后之父可以封侯，汉光武帝却在阴丽华还不是皇后的时候，就封其父为侯，这是不符合前汉旧制的。故，胡三省注中的"后汉"二字有误，当为"前汉"。

（11）《资治通鉴》卷四十五，汉明帝永兴八年（65），汉明帝听闻西域有神，名为佛，派遣使者迎之。胡三省解释佛时，注文引了袁宏《后汉纪》，其中有"佛者，汉言觉也，将以觉悟群生也。其教以修善慈心为主……其精者为沙门。沙门，汉言息也。盖息意去欲以归于无为。长丈六尺，黄金色。"① 之语。"长丈六尺，黄金色"一句无主语，难以确定所指为何物，且容易使人误以为是指沙门。沙门怎么能高达丈六尺呢？明显解释不通。原来，《后汉纪》原文为"佛身长丈六尺，黄金色"②，当据以补正。

产生这个问题的原因可能是：《资治通鉴》将《后汉纪》的部分内容列入正文；胡三省将其余内容引入注文时，不慎将"佛身"二字和其前被《资治通鉴》正文引用的部分内容一起删去。

（12）《资治通鉴》卷四十五，汉明帝永兴十二年（69），汉明帝欲修汴渠，急需治水专家，"会有荐乐浪王景能治水者"③。此处标号有误。标点本《资治通鉴》正文之前的《标点〈资治通鉴〉说明》说："也有在人名之上加封爵的，则分别在封爵与名字之旁加标号，如'屈侯鲋'、'崤王诃'等是。"④ 按此则"乐浪王景"当理解为乐浪王刘景，某些白话本《资治通鉴》即作此翻译⑤。实际上，治水者当为乐浪人王景，其事见《后汉书·循吏传·王景传》。故，标号当为："乐浪"下有地名号，"王景"下有人名号。《资治通鉴》的此类标号问题不少，

① ［宋］司马光. 资治通鉴［M］. 北京：中华书局，1956：1447.
② ［晋］袁宏. 后汉纪［M］. 北京：中华书局，2002：187.
③ ［宋］司马光. 资治通鉴［M］. 北京：中华书局，1956：1453.
④ ［宋］司马光. 资治通鉴［M］. 北京：中华书局，1956：3.
⑤ 周国林，顾志华. 白话资治通鉴［M］. 长沙：岳麓书社，2005：870.

不过大都易知或不影响文意，故不赘述。

（13）《资治通鉴》卷四十六，汉章帝建初八年（83）载，"马廖，谨笃自守，而性宽缓，不能教勒子弟，皆骄奢不谨。"杨终写信劝诫马廖，其中有"黄门郎年幼，血气方盛……而要结轻狡无行之客"之语，认为应加强对"黄门郎"的教育。注为："（马）廖弟（马）防及（马）光俱为黄门郎。"[①]

此注有误。理由有二：第一，马防、马光任职黄门郎的时间与"要结轻狡无行之客"的时间不合。《资治通鉴》卷四十五，汉明帝永平十八年（75）载，"（马）太后兄弟虎贲中郎将（马）廖及黄门郎（马）防、（马）光，终明帝世未尝改官。（章）帝以（马）廖为卫尉，（马）防为中郎将，（马）光为越骑校尉。（马）廖等倾身结交，冠盖之士争赴趣之。"[②] 可见，马防、马光任黄门郎期间，马氏一直受到汉明帝压制，权势尚微，并未"要结轻狡无行之客"。"骄奢不谨"、"要结轻狡无行之客"都是汉明帝去世后的事，而此时马防、马光已不是黄门郎。杨终信中的"黄门郎"当另有其人。第二，年龄不合。《后汉书·马皇后纪》载，汉章帝建初四年（79），马皇后去世，"年四十余"[③]。马防、马光均年长于马皇后。杨终写信时（当在75年汉章帝即位、马氏逐渐骄奢之后，汉章帝建初八年（83）马氏被贬斥之前），两人年龄至少在36岁以上，不得称"年幼"、"血气方盛"，此亦可证杨终信中的"黄门郎"非马防、马光。

据《后汉书》记载，担任过黄门郎的马氏家族成员还有马防之子马巨、马光之子马康。《后汉书·马援传》载，汉章帝建初六年（81），刚到冠礼年龄的马巨，就被"拜为黄门侍郎"，正与杨终信中说的"年幼""血气方盛""黄门郎"等条件相合。马康也是黄门侍郎。马光比

① ［宋］司马光. 资治通鉴［M］. 北京：中华书局，1956：1492.
② ［宋］司马光. 资治通鉴［M］. 北京：中华书局，1956：1470.
③ ［南朝宋］范晔. 后汉书［M］. 北京：中华书局，1965：414.

马防年轻，其子马康应该不会比马巨年长很多，为黄门郎时应该也是
"年幼""血气方盛"。这两人很可能就是杨终信中说的"黄门郎"。这
说明，杨终针对的是整个马氏家族。马援去世后，马廖作为马援长子，
是马氏家族的族长，负有对整个家族的督教之责。且马氏家族一荣俱
荣，一损俱损，弟、侄有错，马廖也难以幸免。所以，杨终才会提醒马
廖重视整个马氏家族的教育问题。当时，马氏家族普遍骄奢无度，其中
最突出的是马防、马光。杨终信中说的"要结轻狡无行之客"，正与马
防、马光的行为相合："（马）防兄弟贵盛……宾客奔凑，四方毕至"
"（马）防、（马）光奢侈，好树党与"。上梁不正下梁歪，但马防、马
光地位尊显，杨终不便直言其短，只能托词于小辈"黄门郎"。①

　　值得注意的是，《后汉书》和《资治通鉴》对此事的描述微有不
同。《后汉书·杨终传》说马廖"不训诸子"②，则杨终指向的对象仅
为马廖之子。《校勘记》据此认为，"黄门郎"当指马廖之子马豫，其
文为："此传上文言（马）廖不训诸子，下文言（马）廖不纳，子
（马）豫后坐县书诽谤，（马）廖以就国，则（杨）终所称黄门郎即指
（马）廖子（马）豫"③。《校勘记》所言合于《后汉书》行文，可以自
圆其说。只是《后汉书》记载，马豫"为步兵校尉"④，不是黄门郎；
《后汉书》也并未记载马豫有"要结轻狡无行之客"之举。《校勘记》
将此解释为"史文不具耳"。《资治通鉴》将"不训诸子"改为"不能
教勒子弟"，则杨终指向的对象就变成整个马氏家族。"黄门郎"应解
释为史有明文的马巨、马康。

　　所以，《资治通鉴》注有误，当将"黄门郎"注为马防之子马巨、
马光之子马康。

_____

① ［南朝宋］范晔. 后汉书［M］. 北京：中华书局，1965：855-857.
② ［南朝宋］范晔. 后汉书［M］. 北京：中华书局，1965：1599.
③ ［南朝宋］范晔. 后汉书［M］. 北京：中华书局，1965：1623.
④ ［南朝宋］范晔. 后汉书［M］. 北京：中华书局，1965：855.

（14）《资治通鉴》卷五十，汉安帝元初四年（117），司空袁敞被免职，原因是："尚书郎张俊有私书与（袁）敞子俊，怨家封上之。"①按照文中标点，"（袁）敞子俊"当理解为袁敞之子，名为袁俊，有误。

《后汉书·袁敞传》记载此事时，仅说"（袁敞）坐子与尚书郎张俊交通"、"得其（张俊）私书与（袁）敞子"，并未明言袁敞之子的名字。据《袁敞传》，袁敞只有一个儿子："子（袁）盱"。这就有了两种可能：与张俊交通者为袁盱；与张俊交通者是袁敞别的儿子，但在范晔写《后汉书》时，就已经不知其名了。这两种可能都说明，断句为"（袁）敞子俊"是错误的，"俊"字当属下读："尚书郎张俊有私书与（袁）敞子，（张）俊怨家封上之。"由《袁敞传》可知，"（张）俊怨家"是指朱济、丁盛。②

（15）《资治通鉴》卷五十，汉安帝延光元年（122），陈忠上疏请求限制跋扈的伯荣等人，并引汉武帝时韩嫣因误受江都王一拜而死之事。胡三省注："江都王怒，为皇太后泣，请得归国人宿卫，比韩嫣"③。"请得归国人宿卫"一语有误："人"字当为"入"字，因形近而误；其意为"还爵封于天子，而请入宿卫。"④。《史记·佞幸传》《汉书·佞幸传》⑤ 均作"入"，可证。标点本《资治通鉴》的底本（清胡克家本）亦作"入"⑥，可证。

（16）《资治通鉴》卷五十一，汉顺帝阳嘉二年（133），胡三省注："《晋书·天文志》：轩辕十七星，黄帝之神，黄龙之体也，后妃之主女

---

① ［宋］司马光. 资治通鉴［M］. 北京：中华书局，1956：1598.

② 上述《后汉书》引文见［南朝宋］范晔. 后汉书［M］. 北京：中华书局，1965：1524–1525.

③ ［宋］司马光. 资治通鉴［M］. 北京：中华书局，1956：1622.

④ ［汉］司马迁. 史记［M］. 北京：中华书局，1982：3195.

⑤ ［汉］班固. 汉书［M］. 北京：中华书局，1962：3725.

⑥ ［宋］司马光. 资治通鉴［M］. 上海：上海古籍出版社，1987：339.

职也"①。"后妃之主女职也",其意当为主掌女职的后妃。此处标点有误。

《晋书·天文志上》原文为:"轩辕十七星……黄帝之神,黄龙之体也;后妃之主,士职也……南大星,女主也。次北一星,夫人也……次北一星,妃也……其次诸星,皆次妃之属也。女主南小星,女御也。左一星少民,后宗也。右一星大民,太后宗也。"② 可见,轩辕十七星可以指代女主、夫人、妃、次妃、女御、皇后宗族、太后宗族等,并不特指主掌女职的后妃。故,此处标点有误。当标点为:"后妃之主,女职也。""后妃之主"的意思是(轩辕十七星)主管有关后妃的事宜。《史记·天官书》注:"轩辕龙体,主后妃也"、"后宫之象也"③,《开元占经·轩辕星占》"轩辕十七星,主后妃,黄龙之体"④,均可证。

(17)《资治通鉴》卷五十三,汉桓帝建和三年(149),胡三省注:"《晋书·天文志》:天市垣二十二星,在房、心东"⑤。案:《晋书·天文志上》:"在房心东北"⑥,《隋书·天文志上》《宋史·天文志二》均作"东北"⑦。可见胡三省注有脱文,当在"东"字后补一"北"字。

(18)《资治通鉴》卷五十四,汉桓帝延熹元年(158),胡三省注引李贤注:"《春秋》法五始之要,故《(春秋)经》曰:元年,春,正月"⑧。李贤所引为《春秋》首句,当为"元年,春,王正月",误脱一"王"字。注文中所言"五始",为元年、春、王、正月、公即位等五事,不可脱去"王"字。当予以补正。《后汉书·南匈奴传》李贤

---

① [宋] 司马光. 资治通鉴 [M]. 北京:中华书局,1956:1662.
② [唐] 房玄龄. 晋书 [M]. 北京:中华书局,1974:298-299.
③ [汉] 司马迁. 史记 [M]. 北京:中华书局,1982:1301.
④ [唐] 瞿昙悉达. 开元占经 [M]. 北京:中央编辑出版社,2006:469.
⑤ [宋] 司马光. 资治通鉴 [M]. 北京:中华书局,1956:1714.
⑥ [唐] 房玄龄. 晋书 [M]. 北京:中华书局,1974:295.
⑦ [唐] 魏徵. 隋书 [M]. 北京:中华书局,1973:536. [元] 脱脱. 宋史 [M]. 北京:中华书局,1985:990.
⑧ [宋] 司马光. 资治通鉴 [M]. 北京:中华书局,1956:1741.

注不误①，胡三省注转引致误。

（19）《资治通鉴》卷五十七，汉灵帝光和二年（179）："巴郡板楯蛮反，遣御史中丞萧瑷督益州刺史讨之，不克。"光和三年又言："巴郡板楯蛮反。"② 以理言之，光和三年巴郡板楯蛮的反叛，是前一年反叛的延续，不应书写。

产生这一问题的原因是：巴郡板楯蛮反叛一事，《后汉书·孝灵帝纪》系于光和二年，《后汉书·南蛮西南夷传》系于光和三年。③ 两者于板楯蛮反叛之后，均书汉灵帝遣萧瑷讨之，可见为一事。《校勘记》认为，当取光和二年，原因是"《纪》在二年，《华阳国志》同。"④《资治通鉴》也将此事系于光和二年，却又误将此事重复书于光和三年，未免不审，于理亦未通。故，当删去光和三年的"巴郡板楯蛮反"六字。

（20）《资治通鉴》卷六十，汉献帝初平三年（192），袁绍与公孙瓒战于界桥。"（袁）绍令麹义领精兵八百先登，强弩千张夹承之。（公孙）瓒轻其兵少，纵骑腾之。（麹）义兵伏楯下不动，未至十数步，一时同发，讙呼动地，瓒军大败。"⑤ "未至十数步"一语有误，于理不合：对骑兵来说，"十数步"是很短的距离，转瞬即至。麹义纵然能射杀前排骑兵，也难以应付汹涌而至的后续者。且强弩射程较远，不必等到"十数步"才发射。《三国志·魏书·袁绍传》作"未至数十步"⑥，当从。

（21）《资治通鉴》卷六十一，汉献帝兴平二年（195），吕范任孙

---

① ［南朝宋］范晔. 后汉书［M］. 北京：中华书局，1965：2964.

② ［宋］司马光. 资治通鉴［M］. 北京：中华书局，1956：1856–1857.

③ ［南朝宋］范晔. 后汉书［M］. 北京：中华书局，1965：343，2843.

④ ［南朝宋］范晔. 后汉书［M］. 北京：中华书局，1965：2864.

⑤ ［宋］司马光. 资治通鉴［M］. 北京：中华书局，1956：1931.

⑥ ［晋］陈寿. 三国志［M］. 北京：中华书局，1962：193.

策军都督。胡三省注："《老子》曰：盗亦有道"①。胡三省注有误，"盗亦有道"出自《庄子·外篇·胠箧第十》，而非《老子》。

（22）《资治通鉴》卷六十一，汉献帝兴平二年（195），笮融"断三郡（广陵、下邳、彭城）委输以自入……每浴佛，辄多设饮食，布席于路，经数十里，费以巨亿计。"胡三省注为："巨亿计，言以亿亿计也。"。（第1974页）胡三省注有误。

巨亿可以指数亿，也可以指亿亿，采取哪种解释需要看情况而定。《后汉书·陶谦传》载笮融事，说："其有就食及观者且万余人。"②。《三国志·刘繇传》载笮融事，说："民人来观及就食且万人。"③。可见参加浴佛的人数约为万人。若巨亿解释为亿亿，则平均每人消耗一万亿，过于巨大，明显与事实不合。且笮融仅据有广陵、下邳、彭城三郡委输，如何能有亿亿资产？此亦可证胡三省注有误。

《后汉书》注引《献帝春秋》："（笮）融敷席方四五里，费以巨万。"若以巨万计，则平均每人消费约为万钱，尚为合理，且与笮融铺张奢侈的行为相合。故，此处的"巨亿"当指数亿，而非亿亿。胡三省注衍一"亿"字，当为："巨亿计，言以亿计也。"

（23）《资治通鉴》卷六十六，汉献帝建安十八年（213），"诏并十四州，复为九州。"胡三省注为："十四州，司、豫、冀、兖、徐、青、荆、扬、益、梁、雍、并、幽、交也。复为九州者，割司州之河东、河内、冯翊、扶风及幽、并二州皆入冀州；凉州所统，悉入雍州；又以司州之京兆入焉；又以司州之弘农、河南入豫州，交州并入荆州，则省司、凉、幽、并而复《禹贡》之九州矣。"④

胡三省注有两个错误：第一，据《三国志·三少帝纪》，景元四年

① ［宋］司马光. 资治通鉴［M］. 北京：中华书局，1956：1973.
② ［南朝宋］范晔. 后汉书［M］. 北京：中华书局，1965：2368.
③ ［晋］陈寿. 三国志［M］. 北京：中华书局，1962：1185.
④ ［宋］司马光. 资治通鉴［M］. 北京：中华书局，1956：2118.

（公元263），蜀国灭亡后，魏才"分益州为梁州。"① 则建安十八年时，尚未有梁州。十四州中的"梁"字当改为"凉"字，因音近而误。《三国志》中"凉州"一词出现频繁，毋庸多言；且胡三省注说"凉州所统，悉入雍州"，亦可证当作"凉"字。第二，以十四州为九州，当省并五州，"省司、凉、幽、并"后脱一"交"字，当为"省司、凉、幽、并、交而复《禹贡》之九州矣。"

（24）《资治通鉴》卷六十六，汉献帝建安十八年（213），胡三省注五刑为"墨罚之属千，劓罚之属千，剕罚之属五百，宫罚之属三百，大辟之罚其属二百"②。胡三省注本不误，但2011年重排版③、2013年重排版④却均将"剕罚"误作"荆罚"。

（25）《资治通鉴》卷六十七，汉献帝建安十九年（214），刘备入成都，以诸葛亮为"益州太守"。胡三省注为："此益州太守非汉武帝所开置之益州郡也。汉武帝所置之益州郡，刘蜀为南中地宅。盖刘璋置益州太守与蜀郡太守并治成都郭下。"⑤ 胡三省注中的"南中地宅"四个字很难理解，解释不通，有误。

钱大昕也发现这一问题。他在《通鉴注辨正》中引用胡三省注时，将"宅"字径直删去⑥。钱氏的修改其意可通，但方法恐怕未必可取。经查，明代学者严衍所撰《资治通鉴补》引胡三省注作："汉武帝所置之益州郡，刘蜀为南中地。此盖刘璋置益州太守与蜀郡太守并治成都郭下。"⑦ 此文文从字顺，当据以改正。可见在明清之际，"此"字因形近

① ［晋］陈寿. 三国志［M］. 北京：中华书局，1962：149.
② ［宋］司马光. 资治通鉴［M］. 北京：中华书局，1956：2124.
③ ［宋］司马光. 资治通鉴［M］. 北京：中华书局，1956（2011重排）：2168.
④ ［宋］司马光. 资治通鉴［M］. 北京：中华书局，1956（2017重排）：2197.
⑤ ［宋］司马光. 资治通鉴［M］. 北京：中华书局，1956：2128.
⑥ ［清］钱大昕. 通鉴注辨正［M］. 南京：江苏古籍出版社，1997：9.
⑦ ［宋］司马光编著，［元］胡三省音义，［明］严衍补，王伯祥断句. 资治通鉴补［M］. 北京：中华书局，2013：3594-3595.

而误为"宅"字，从而导致语句不通。误写的时间当在严衍之后、钱大昕之前。

（26）《资治通鉴》卷六十九，胡三省注魏文帝为："讳丕，字子桓，武帝（曹）操长子也。"① 案：曹操长子是曹昂，而非曹丕，胡三省注中的"长子"二字有误，当改为次子、太子或之子。

（27）《资治通鉴》卷六十九，司马光于 221 年刘备称帝后，叙述了纪年的方法："但据其功业之实而言之。""周、秦、汉、晋、隋、唐，皆尝混壹九州，传祚于后……故全用天子之制以临之。"至于未尝"混壹九州"的乱世，则"据汉传于魏而晋受之，晋传于宋以至于陈而隋取之，唐传于梁以至于周而大宋承之，故不得不取魏、宋、齐、梁、陈、后梁、后唐、后晋、后汉、后周年号，以纪诸国之事"。胡三省于此言后注为："'魏'下当有'晋'字。"② 案：晋曾"混壹九州"，自当"用天子之制以临之"，而魏为天下三分的乱世，两者地位不同，"魏"字下不当有"晋"字。胡三省注有误。胡三省注可能因受上文汉、魏、晋、宋、陈、隋、唐、梁、周、宋的传承顺序误导而致误。

（28）《资治通鉴》卷六十九，魏文帝黄初三年（222），有诏书为："今之计、孝，古之贡士也；若限年然后取士，是吕尚、周晋不显于前世也。其令郡国所选，勿拘老幼；儒通经术，吏达文法，到皆试用。有司纠故不以实者。"胡三省注为："计、孝，上计吏及孝廉也。"③

胡三省注有误，上计吏并非"贡士"。理由有二：第一、《后汉书·左周黄列传》对汉代"贡士"的途径进行了总结："汉初诏举贤良、方正，州郡察孝廉、秀才，斯亦贡士之方也。中兴以后，复增敦朴、有道、贤能、直言、独行、高节、质直、清白、敦厚之属。"④ 其

① ［宋］司马光. 资治通鉴［M］. 北京：中华书局，1956：2175.
② ［宋］司马光. 资治通鉴［M］. 北京：中华书局，1956：2185-2188.
③ ［宋］司马光. 资治通鉴［M］. 北京：中华书局，1956：2200.
④ ［南朝宋］范晔. 后汉书［M］. 北京：中华书局，1965：2042.

中并无上计吏。第二，"贡士"指地方向中央举荐人才，由中央进行考核任用，即诏书中说的"到皆试用"。而上计吏是地方派往中央汇报工作的官吏，工作结束即返回，并不留在中央或由中央"到皆试用"，故不得称为"贡士"。

既然上计吏并非"贡士"，则诏书中的"计孝"当指孝廉，而非上计吏及孝廉。"计孝"中间不应有顿号，标点亦误。郡国在上计时，使所贡之士与上计吏一起至京师①，故以"计孝"指代孝廉。

(29)《资治通鉴》卷七十，魏文帝黄初四年（223），邓芝见孙权，有"吴、蜀二国，四州之地"之语。胡三省注为："四州，荆、扬、梁、益也。"②

胡三省注有误。据《三国志·三少帝纪》，景元四年（263），蜀国灭亡后，魏才"分益州为梁州。"则黄初四年时，尚未有梁州。据《三国志·士燮传》，"建安十五年（211），孙权遣步骘为交州刺史……建安末年，（士）燮遣子廞入质……（孙）权以交阯县远，乃分合浦以北为广州，吕岱为刺史；交阯以南为交州，戴良为刺史。"③ 可见交州在孙权的掌控之中。故，胡三省注中的"梁"字当改为"交"字。

---

① 《汉书·武帝纪》，汉武帝元光五年（前130），"征吏民有明当世之务、习先圣之术者，县次续食，令与计偕。"见［汉］班固. 汉书［M］. 北京：中华书局，1962：164.《后汉书·汉和帝纪》，汉和帝永元十四年（102），注有"武帝元朔中令郡国举孝廉各一人与计偕，拜为郎中。中废，今复之。"见［南朝宋］范晔. 后汉书［M］. 北京：中华书局，1965：190.

② ［宋］司马光. 资治通鉴［M］. 北京：中华书局，1956：2217.

③ ［晋］陈寿. 三国志［M］. 北京：中华书局，1962：1192.

后 记

还记得三年前，考博面试的时候，我心里很是惶恐不安。和年少多才的印飞相比，我除了有一把年龄之外，一无所有，心里颇不自信。然而，我读过杨振红老师的《出土简牍与秦汉社会》，也读过彭卫老师的秦汉社会史的一些论著，读的时候极为钦佩，而且内心欢喜，很想请两位老师指点一二。很幸运的是，我最终能够跟随彭、杨二师学习，这实在是出乎我的意料的。之后，彭、杨二师一直很关心我的学习。彭师多次督促我的学习和论文写作，杨师带我去南开大学学习，为我提供了全方位的帮助。其间情谊颇多，难以一一言表。

本书从一开始，就耗费了彭师很多心血——题目是彭师选的；最初的框架结构是彭师定的；大部分内容都请彭师指正过；为了帮助我入门，彭师还特意带我去见法国汉学家林力娜（Karine Chemla）……可以说，没有彭师，便不会有本书的产生。当然，文责自负，文章的迂阔之处，当由我个人负责。

我从彭、杨二师那里学到的东西，还不止于此。孟子曾自称"知言"——别人说的话，他知道对不对，好不好，以及对在哪里，错在哪里，好在哪里，坏在哪里。孟子为何能做到这一点？我想，他心里一定有一把评判的尺子。这把尺子的评判能力的高低，决定了一个人的眼界的高低，也决定了他最终的上限在哪里。跟随彭老师、杨老师学习的三年间，除了学习各种知识，我还从两位老师那里学习如何运用这把尺子。之前的若干年里，我每年读书超过 80 本，不可谓不勤奋，但由于缺少专业的评判能力，其结果就是走的弯路多，收获很有限。现在，我心里慢慢有了这把尺子，也就逐渐脱离了以前的低级状态。正所谓"观于海者难为水，游于圣人之门者难为言"（《孟子·尽心上》）。我以后的学术道路会因此受益终身，我将永远铭记在心，并且，感恩。

感谢我的论文开题指导老师们——彭老师、杨老师、孙晓老师、邬文玲老师、赵凯老师。确定选题以后，我一直没有清晰的思路。彭师说，那就开题吧，听听老师们的意见。经过诸位老师的批评之后，我的思路果然就清晰了起来。因此，诸位老师的意见对本书的写作，具有很重要的价值。感谢我的论文评阅和答辩专家——卜宪群老师、杨振红老师、王子今老师、宋杰老师、邬文玲老师、刘乐贤老师、蔡万进老师。诸位老师对我的论文的肯定和批评，都加深了我对论文的理解，也让我更加认清了自己的专长和不足。

感谢我的硕导范学辉老师。范师是领我进入学问之门的人，并且一直关心我的学业。

感谢南开大学汉唐史工作坊的诸位老师——杨老师、夏炎老师、王安泰老师、党超老师。四位老师对《秦汉时期普通受教育者的数学水平》一文，提出了非常重要的修改意见。其中，党超老师作为评审人，对此文进行了很全面的指导。

感谢人大读简班的姜守诚老师、杨继承博士对《从〈算数书〉看秦汉竹简的选材与制作》一文，提供了细致的帮助。

感谢社科院历史所的诸多师友——曾磊老师、符奎师兄、苏俊林师兄等的关心与照顾。苏师兄对《秦汉时期普通受教育者的数学水平》一文提供了很有价值的意见，还细心帮我搜集相关文献。

感谢我的诸多同门——徐歆毅师兄、张欣师兄、王安宇师兄、谢辉元师兄、单印飞、王萍。徐师兄是大师兄，一直关心我们的学业和生活；张师兄对我的学业多有提携，还赠书于我；安宇师兄才思敏捷，多次为我答疑解惑；谢师兄在操场散步时，侃侃而谈，多次给我启发；印飞才学过我，却极谦逊，给过我许多帮助；王萍坦率真诚，是可以信赖的朋友。

　　感谢我的家人，你们是我最坚强的后盾。

衣抚生
2018 年 4 月 7 日